기획·글 이경미 이윤숙

교육을 접목한 어린이용 출판물을 기획하고, 글 쓰는 일을 오랫동안 하고 있습니다. 《와이즈만 유아 과학사전》, 《와이즈만 유아 수학사전》, 《주니어 플라톤》외 다수의 출판물을 개발하였습니다.

감수 와이즈만 영재교육연구소

즐거움과 깨달음, 감동이 있는 교육 문화를 창조한다는 사명으로 우리나라의 수학, 과학 영재교육을 주도하면서 창의 영재수학과 창의 영재과학 교재 및 프로그램을 개발하고 있습니다. 구성주의 이론에 입각한 교수학습 이론과 창의성 이론 및 선진 교육 이론 연구 등에도 전념하고 있습니다. 국내 최초의 사설 영재교육 기관인 와이즈만 영재교육에 교육 콘텐츠를 제공하고 교사 교육을 담당하고 있습니다.

즐깨감 과학탐구 4 물질·힘과 에너지·지구·우주

1판 1쇄 발행 2019년 8월 23일   **1판 7쇄 발행** 2023년 3월 20일

기획·글 이경미 이윤숙   **그림** 권효실   **감수** 와이즈만 영재교육연구소

발행처 와이즈만 BOOKs   **발행인** 염만숙   **출판사업본부장** 김현정
편집 오미현 원선희   **디자인** 도트 박비주원 손수영
마케팅 강윤현 백미영

출판등록 1998년 7월 23일 제1998-000170   **주소** 서울특별시 서초구 남부순환로 2219 나노빌딩 5층
제조국 대한민국   **사용 연령** 5세 이상
전화 02-2033-8987(마케팅) 02-2033-8983(편집)   **팩스** 02-3474-1411
전자우편 books@askwhy.co.kr   **홈페이지** mindalive.co.kr

와이즈만북스는 (주)창의와탐구의 교육출판 브랜드로 '책으로 만나는 창의력 세상'이라는 슬로건 아래 '와이즈만 사전' 시리즈, '즐깨감 수학' 시리즈, '첨단과학' 학습 만화 시리즈 외에도 어린이 과학교양서 '미래가 온다' 시리즈 등을 출간하고 있습니다. 또한 창의력 기반 수학 과학 융합교육 서비스로 오랫동안 고객들의 호평을 받아온 '와이즈만 영재교육'의 우수한 학습 방법과 콘텐츠를 도서를 통해 대중화하고 있습니다. 와이즈만북스는 학생과 학부모에게 꼭 필요한 책, 깨닫는 만큼 새로운 호기심이 피어나게 하는 좋은 책을 만들기 위해 최선을 다하고 있습니다.

물질
힘과 에너지
지구·우주

즐깨갑 과학탐구 4

창의영재들을 위한 미리 보는 과학 교과서

이경미, 이윤숙 기획·글   와이즈만 영재교육연구소 감수

와이즈만 BOOKs

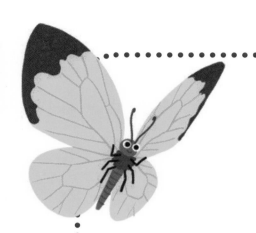

추천의 글

시중에서 판매하는 단순한 학습지와는 다르게,
창의적으로 생각할 수 있는 과학 활동이 많아서 좋아요.
개념을 뒤집어 생각하고 글로 써 보기도 하니까 아이의 창의성 향상에 많은 도움이 돼요.
– 와이키즈 서초센터 정지윤 선생님

과학을 좋아하는 아이라면 학교에 들어가기 전에 꼭 풀어 보면 좋은 워크북이에요.
부분 부분 알고 있는 과학 개념을 잘 정리해서 잡아 줄 수 있고,
과학 활동이 흥미롭게 구성되어 있어서 재미있게 과학을 공부할 수 있게 해 줘요.
– 와이즈만 영재교육 대치센터 유해림 선생님

유아에게 과학을 지도하는 것이 어려운 교사들에게 꼭 권하고 싶은 책이에요.
쉽고 즐겁게 과학을 지도할 수 있는 과학 자료나 활동을 제공해 줘요.
– 조은어린이집 박가영 선생님

누리과정과 연계가 잘 되어 있어요. 자연탐구 영역에서 배우는 탐구하는 태도 기르기와
과학적 탐구하기 내용이 그림으로 쉽게 잘 표현되어 있어요.
책의 구성만 잘 따라 해도 탐구하는 태도가 길러질 것 같아요.
– 창천유치원 지미성 선생님

과학의 개념을 쉽게 알려주고 즐겁게 문제 풀며 과학의 재미에 빠질 수 있게 도와주어요.
– 쭌맘 님

초등 3학년부터 과학 교과가 나오는데 그에 대한 대비로
아이와 함께 미리 만나 보면 좋을 것 같아요.
– 명륜맘 님

수수께끼 놀이처럼 만나는 첫 과학 워크북으로
과학 하는 즐거움을 선물하세요

학습 측면에서 과학은 국어나 수학에 비해 우선 순위가 밀립니다. 초등학교 입학하기 전이나 저학년까지는 과학 그림책이나 만화책, 도감류 정도로 과학 지식을 접합니다. 아마도 과학 사실이나 개념, 이론 같은 과학 지식이 아이들에게 어렵다거나, 아직 필요하지 않다고 생각하기 때문일 것입니다. 하지만 과학 지식은 아이들의 궁금증에 대한 답이고, 세상이 움직이는 이치입니다. 그 답을 찾지 않게 되면 궁금증은 점점 사라지고, 어른들처럼 당연하고, 익숙해져 버립니다. '그렇다면 과학을 어떻게 시작할까? 궁금증을 잃지 않고 스스로 답을 찾게 하려면 어떻게 하면 좋을까?' 이런 고민 끝에 《와이즈만 유아 과학사전》과 《즐깨감 과학탐구》를 기획하게 되었습니다. 이 시리즈를 통해 과학에 궁금증을 가지고, 탐구 방법을 배워 스스로 문제를 해결하는 능력을 키울 수 있도록 하였습니다.

최근의 과학 교육은 많은 양의 과학 지식을 가르치는 것보다는, 과학을 어떻게 공부할 것인지를 가르치는 추세입니다. 저희는 이러한 추세를 반영하여 과학 지식과 탐구 방법을 동시에 익히도록 이 책을 구성하였습니다. 아이들이 마주하는 대상과 현상(생명과학, 물리과학, 지구과학으로 구분되는 과학 지식)을, 무심하지 않게 다가가도록(관찰, 분류, 추리, 예상, 실험, 의사소통의 탐구 방법) 하였습니다.

아이들에게 단순한 문제 풀이집은 필요하지 않습니다. 저희는 문제 풀이를 훈련하는 것이 아니라, 문제 해결력을 기르는 것에 역점을 두었습니다. 과제를 던져 주고, 스스로 그 과제를 해결하기 위해 탐구하도록 하였습니다. 《즐깨감 과학탐구》 시리즈를 학습할 때 《와이즈만 유아 과학사전》을 옆에 두고 함께 읽기를 추천합니다.

이 책이 아이들에게는 처음 만나는 과학 수수께끼 놀이책이 되기를 바랍니다. 그리고 수수께끼를 해결하는 과학 탐정으로 성장하기를 기대합니다.

이경미 · 이윤숙

과학 뇌를 깨우는 신개념 과학탐구 시리즈 《즐깨감 과학탐구》는 탐구 활동을 통해, 스스로 과학 지식을 발견하고 문제를 해결하며, 사물 간의 속성을 관계 짓고, 추론하게 합니다.

《즐깨감 과학탐구》는 과학을 탐구하는 방법을 배웁니다.

문제를 해결하기 위해 스스로 과학적인 사실을 찾아가는 과정이 과학 탐구입니다. 《즐깨감 과학탐구》는 유아나 초등 저학년 때에 적합한 과학 탐구 방법으로 관찰, 비교, 분류, 예측과 추론, 의사소통의 탐구 방법을 배우며 문제를 해결할 수 있도록 구성되어 있습니다.

❶ 관찰하기는 대상을 그대로 세밀하게 살피는 탐구 방법입니다. 《즐깨감 과학탐구》는 감각을 사용해서 관찰 대상의 특징을 파악하거나, 다른 대상과 공통점이나 차이점을 비교하는 방법을 학습합니다.

❷ 분류하기는 대상의 공통점과 차이점에 따라 나누는 탐구 방법입니다. 《즐깨감 과학탐구》는 관찰을 통해 파악한 대상의 특성을 찾아 공통적인 대상끼리 모아, 구분합니다. 분류하는 기준은 다양하지만, 주어진 대상들을 가장 잘 나타내는 특성을 찾는 것이 중요합니다.

❸ 예측하기는 이미 알고 있는 지식이나 경험을 토대로 하여 앞으로 일어날 일을 예상하는 탐구 방법입니다. 예측하기는 생각나는 대로 미리 말해 보는 것이 아니라 측정이나 사실을 통해 검증할 수 있어야 합니다. 《즐깨감 과학탐구》는 주변에서 쉽게 할 수 있는 실험이나 관찰 탐구를 통해 알게 된 사실을 근거로 미리 예상하고, 확인할 수 있도록 구성되어 있습니다.

❹ 의사소통하기는 과학 사실을 질문하고, 설명하거나 개념을 표현하는 탐구 방법입니다. 글, 표, 그림 등 다양한 형태로 이루어집니다. 《즐깨감 과학탐구》는 배운 과학 지식을 토대로 하여 글로 표현하도록 구성되어 있습니다.

❺ 추론하기는 인과 관계를 직접 관찰할 수 없을 때 사건의 원인을 알아내는 탐구 방법입니다. 보통 관찰과 추론을 혼동하기도 합니다. 관찰은 감각을 통해 어떤 대상을 단순히 기술하는 것이고, 추론은 사실에 근거를 두고 결과를 내는 탐구 방법입니다. 《즐깨감 과학탐구》는 관찰하여 알게 된 사실을 근거로 문제를 추론하도록 구성되어 있습니다.

《즐깨감 과학탐구》는 다양한 탐구 활동으로 과학 지식을 배웁니다.

《즐깨감 과학탐구》는 크게 세 가지의 탐구 영역으로 구성되어 있고, 각각의 탐구 영역 특성에 맞는 다양한 탐구 활동으로 과학 지식을 배웁니다.

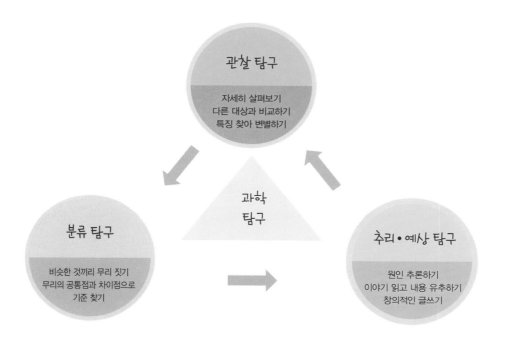

❶ 관찰 탐구 영역은 '어떻게 생겼나?', '어떻게 다른가?', '무슨 일이 일어나는가?'에 초점을 맞추어 학습합니다. 대상을 자세히 살펴보고, 다른 대상과 비교하여 변별하는 활동을 통해 과학 사실을 발견합니다.

❷ 분류 탐구 영역은 '속성이 비슷한 것끼리 모아 보기', '분류 기준 찾기', '여러 번 분류하기' 같은 과정에 초점을 맞추어 학습합니다.

❸ 추리·예상 탐구 영역은 '왜 그럴까?', '무엇일까?', '누구일까?', '다음은 어떻게 될까?', '~하면 어떤 일이 일어날까?', '순서 찾기'에 초점을 맞추어 학습합니다. 관찰 탐구나 분류 탐구를 통해 알게 된 사실을 근거로 추론하고, 예측하여 문제를 해결합니다.

이 책의 구성과 특징

《즐깨감 과학탐구》는 누리 과정의 자연 탐구 영역과 초등과학을 총망라하였습니다. 과학 내용을 9가지 주제로 나누어 주제에 따라 관찰 탐구, 분류 탐구, 추리·예상 탐구를 통해 과학의 개념과 원리를 알아봅니다.

1 주제별 구성

1권, 2권에서는 동물, 식물, 생태계, 우리 몸 주제를 통해 생명의 개념과 살아가는 원리를 알아봅니다. 3권, 4권에서는 물질, 힘, 에너지, 지구, 우주 주제를 통해 살아가는 환경의 특징과 원리를 알아봅니다.

2 탐구 활동별 구성

관찰 탐구에서는 주로 대상의 관찰을 통해 개념이나 원리를 알 수 있습니다. 분류 탐구에서는 관찰에서 알게 된 대상들을 나누고 모아 보면서 개념을 확장시켜 봅니다. 추리·예상 탐구에서는 아이가 궁금해하는 주제를 다루어 개념을 확장하고, 스스로 판단해 보게 합니다.

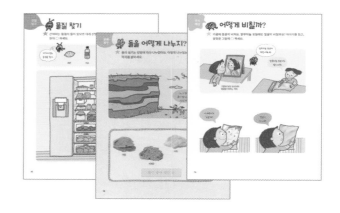

3 탐구 활동별 캐릭터

관찰씨, 분류짱, 추리군의 탐구별 안내 캐릭터가 등장하여 탐구 활동을 돕습니다. 개념 설명이나 단서 제공, 활동을 안내해 줍니다.

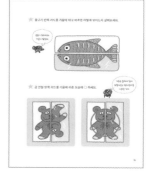

4 다양한 과학 놀이

숨은그림찾기, 수수께끼, 색칠하기, 창의적 꾸미기, 길 따라가기, 게임, 만들기, 실험 같은 다양한 과학 놀이로 탐구 활동을 합니다.

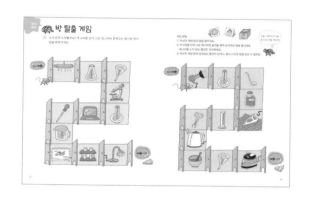

5 읽기 및 창의적 과학 글쓰기

짧고, 단순한 글을 읽고, 사실을 유추하여 판단해 봅니다. 과학 사실을 근거로 글쓰기를 합니다. 읽기, 말하기, 글쓰기의 의사소통 탐구 방법은 다른 사람에게 설명하거나 설득하는 데 필요합니다.

6 학습을 도와주는 손놀이 꾸러미

손놀이 꾸러미로 만들기와 분류 카드, 붙임 딱지가 있습니다. 분류 카드, 붙임 딱지는 문제 해결을 위한 음영이나 색 단서를 주어 스스로 학습이 가능합니다. 손놀이 꾸러미에 있는 활동 자료로 직접 해 보면서 과학을 재미있게 받아들입니다.

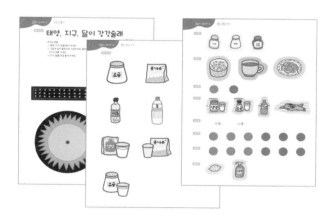

7 과학 안내서로 활용하는 해설집

부록으로 해설집을 두어 문제에 담긴 과학의 개념과 원리를 알기 쉽게 설명하였습니다. 지도서로 잘 활용하여 학습을 더욱 재미있고 풍성하게 해 주세요.

《즐깨감 과학탐구》는 총 4권으로, 아이들이 마주하는 과학의 모든 영역을 다루고 있습니다. 1권, 2권에서는 동물, 식물, 생태계, 우리 몸 주제를, 3권, 4권에서는 물질, 힘과 에너지, 지구, 우주 주제를 다루어 과학의 기본 개념과 원리를 알아봅니다.

즐깨감 과학탐구 ❶ 동물·식물·우리 몸

동물, 식물, 인체의 생김새의 특징, 주변 환경과의 관계 및 각각의 명칭과 기능을 알아봅니다.

＊ 동물의 생김새와 사는 곳 알기 | 초식 동물과 육식 동물 구분하기 | 새의 특징 비교하기 | 새끼를 낳는 동물과 알을 낳는 동물 분류하기 | 포유류 특징 알기

＊ 식물의 구조 살펴보기 | 잎, 줄기, 뿌리의 생김새 비교하기 | 줄기에 따라 식물 분류하기 | 식물의 특징과 이름 유추하기 | 잎의 광합성 원리 이해하기

＊ 몸의 생김새와 명칭 알기 | 뼈와 이의 생김새 살펴보기 | 몸의 털 그리기 | 손뼈 만들기와 관절 실험하기 | 뇌의 기능 알기 | 몸의 감각 기관과 각 기능 알고, 유추하기

즐깨감 과학탐구 ❷ 동물·식물·생태계·우리 몸

동물 및 식물이 자라는 과정을 알고, 인체의 내부 모습과 각 기관의 움직이는 원리를 알아봅니다.

＊ 닭, 개구리, 나비의 자라는 과정 살펴보기 | 포유류, 조류, 파충류, 양서류, 어류로 분류하기 | 곤충의 탈바꿈 알기 | 동물의 의사소통이나 자기 보호 방법 알기

＊ 꽃의 생김새와 씨와 열매가 만들어지는 과정 살펴보기 | 다양한 씨와 열매의 생김새 비교하기 | 식물을 이용한 물건 찾아보기 | 식물과 관련된 일을 찾아 글쓰기

＊ 먹이 사슬과 먹이 그물 관계에 있는 생태계 특징 살펴보기 | 세균, 곰팡이, 바이러스 같은 미생물과 관계있는 일 찾아보기

＊ 뇌와 신경 알기 | 호흡, 소화 원리 살펴보기 | 배설 기관 살펴보기 | 피의 구성과 기능 살펴보기 | 방귀와 똥에 대해 살펴보기 | 배꼽과 유전에 관한 글쓰기

즐깨감 과학탐구 ❸ 물질·힘과 에너지·지구

물질의 종류와 특징 및 상태, 힘과 운동에 대해 살펴보고, 우리가 살아가는 땅과 흙과 같은 자연환경에 대해 알아봅니다.

* 물질의 특성과 쓰임새 살펴보기 | 고체, 액체, 기체 상태 비교하기 | 만든 물질이 같은 물건끼리 모으기 | 물 위에 뜨는 물질, 가라앉는 물질 유추하기

* 지레, 빗면, 도르래의 원리 알아보기 | 용수철이나 나사를 쓰는 물건끼리 모으기 | 힘의 작용, 반작용 원리로 결과 예상하기 | 코끼리를 도구로 옮기는 방법을 글로 써 보기

* 날씨의 특징과 물의 순환 살펴보기 | 땅 모양과 화산 알아보기 | 화석 분류하기 | 구름이나 바람이 생기는 순서 따져 보기 | 날씨 현상의 원리 유추하기

즐깨감 과학탐구 ❹ 물질·힘과 에너지·지구·우주

물질 상태의 변화, 빛의 반사와 굴절 원리를 살펴보고, 지형과 지진, 일식, 월식 현상에 대해 알아봅니다.

* 물질 변화 비교하기 | 불에 타는 것과 불을 끄는 것 비교하기 | 신맛 나거나, 미끌거리는 물질끼리 모으기 | 공기 실험하고, 결과 예상하기

* 빛을 비추어 보고, 그림자 살펴보기 | 거울과 렌즈 비교하기 | 열이 전해지는 방법 알아보기 | 물속에 비치는 모습 유추하기 | 빛이 없을 때 상상하여 글로 써 보기

* 지구의 겉과 속 들여다보기 | 돌의 생김새와 쓰임새 비교하기 | 지진으로 일어나는 결과 예상하기 | 대피할 때 필요한 물건과 이유를 글로 써 보기

* 지구를 둘러싼 공기 살펴보기 | 태양계 살펴보기 | 계절별 별자리 분류하기 | 일식과 월식의 원리 유추하기 | 우주의 특성을 근거로 우주복에 필요한 장치 그리기

차 례

추리·예상 탐구

지구

관찰 탐구

분류 탐구

추리·예상 탐구

우주

관찰 탐구

분류 탐구

추리·예상 탐구

학습을 도와주는 친구들

관찰씨

난 관찰씨!
관찰 탐구를 도와줄게.

분류짱

난 분류짱!
분류 탐구를 도와줄게.

추리군

난 추리군!
추리 · 예상 탐구를 도와줄게.

물질

관찰 탐구

- 물질끼리 섞어 보고, 분리해 보기
- 특성이 바뀌는 물질 변화 비교하기
- 불에 타는 것과 불을 끄는 것 비교하기

분류 탐구

- 함께 모인 물질의 공통점 찾기
- 신맛이 나는 물질과 미끌거리는 물질로 나누어 보기
- 한 가지 물질과 섞여 있는 물질로 분류하기

추리 · 예상 탐구

- 자석에 붙는 특성으로 물질 판단하기
- 공기 실험하고, 결과 예상하기
- 불을 끄는 원리 유추하기

교과 연계 단원

3학년 1학기 자석의 이용 4학년 1학기 혼합물의 분리 4학년 2학기 물의 상태 변화
5학년 2학기 산과 염기 6학년 2학기 연소와 소화

어떤 물질이지?

⭐ 무엇으로 만들어졌나요? 물건을 이루는 물질을 찾아 사다리를 타고 내려가세요.

금속   플라스틱   유리   고무

냄비에 무엇을 넣을까요? 괴물의 말을 읽고, 붙임 딱지에 있는 물질을 알맞은 곳에 붙이세요.

물질을 섞어 봐

⭐ 서로 다른 물질끼리 섞으면 어떻게 되나요? 붙임 딱지에서 찾아 알맞은 곳에 붙이세요.

붙임 딱지를 붙이세요.

붙임 딱지를 붙이세요.

섞인 물질이 혼합물이야.

붙임 딱지를 붙이세요.

콩과 쌀이 섞여 있어요. 그림을 보고, 무엇이 다른지 알맞은 글에 ○ 하세요.

① 크기가 달라요. ② 자석에 붙지 않아요.

 콩 따로, 쌀 따로 분리하려면 어떻게 하나요? 알맞은 그림에 ○ 하세요.

물에 녹여 봐

⭐ 설탕물과 딸기 주스를 만들었어요. 물과 잘 섞인 쪽에 ●, 물과 잘 섞이지 않은 쪽에 ● 붙임 딱지를 붙이세요.

설탕물   딸기 주스

⭐ 설탕물과 딸기 주스를 만들었을 때 물에 녹은 물질에 ○ 하세요.

> 설탕물처럼 두 가지 이상의 물질을 섞어 오랫동안 두었을 때 밑에 가라앉거나 뜨는 것이 없고, 투명한 혼합물이 용액입니다.

⭐ 설탕물처럼 고르게 섞인 물질을 용액이라고 해요. 괴물이 낸 수수께끼의 용액은 무엇인가요? 붙임 딱지에서 찾아 붙이세요.

물이 어떻게 바뀌었나?

⭐ 물 같은 모양이 액체예요. 끓이거나 얼리면 어떻게 바뀌나요? 바뀐 겉모양에
알맞은 글자 붙임 딱지를 붙이세요.

《와이즈만 유아
과학사전》 144쪽을
찾아봐.

액체

수증기가
됐어.

기체

딱딱한
얼음이 됐어.

고체

⭐ 젖은 옷을 햇볕에 널어 두면 옷이 말라요. 옷에 있던 물이 어떻게 되는지
알맞은 글에 ◯ 하세요.

① 물이 공기 중으로 날아가요.

② 물이 얼음으로 바뀌어요.

③ 물은 그대로 있어요.

액체인 물이 기체로
바뀌는 것을
'증발'이라고 해.

23

사라진 물질

⭐ 얼음처럼 생긴 드라이아이스예요. 공기 중에 두면 어떻게 되나요?
그림을 순서대로 보고 알맞은 글에 ○ 하세요.

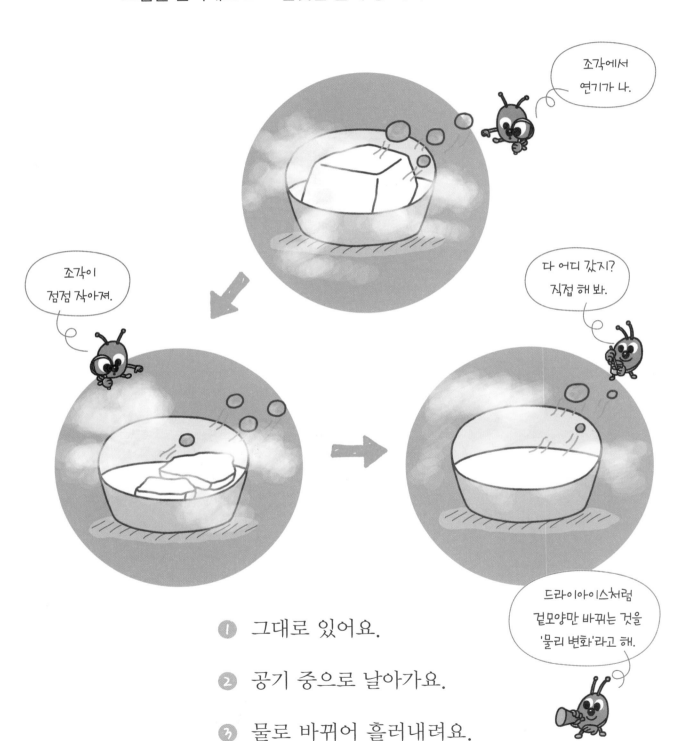

① 그대로 있어요.

② 공기 중으로 날아가요.

③ 물로 바뀌어 흘러내려요.

겉모양이 바뀐 물질

⭐ 위아래 그림을 비교하세요. 겉모양이 바뀐 물질 4가지를 찾아 ○ 하세요.

무엇이 바뀌었지?

⭐ 겉모양이 바뀐 설탕, 못, 사과에 ●, 맛이나 색깔이 바뀐 설탕, 못, 사과에
● 붙임 딱지를 붙이세요.

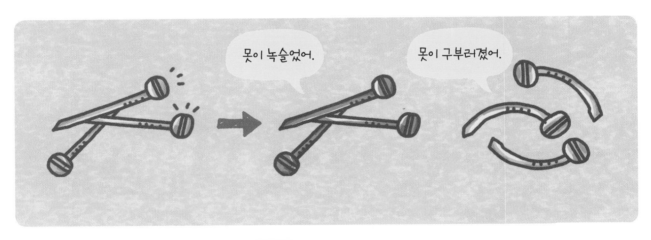

⭐ 물질의 맛이나 색깔이 바뀌었어요. 바뀐 물질을 찾아 선으로 이으세요.

원래 물질로 되돌아갈 수 없어.

물질을 익히거나 발효시키면 본래의 성질이 바뀌는 화학 변화가 일어납니다. 설탕이 물에 녹거나 떨어진 사과는 모양만 바뀌는 물리 변화입니다.

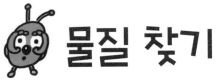

물질 찾기

⭐ 산이라는 물질이 들어 있으면 대개 신맛이 나요. 관찰씨가 가리키는 물질을 찾아 ○ 하세요.

여기에 있는 물질을 찾아.

레몬　　　　식초　　　　김치　　　　요구르트

아, 셔!

⭐ 염기라는 물질이 들어 있으면 대개 미끌거려요. 관찰씨가 가리키는 물질을 찾아 ◯ 하세요.

여기에 있는 물질을 찾아.

베이킹소다

샴푸

비누

표백제

깨끗하게 닦여.

불꽃

⭐ 물질이 탈 때 불꽃이 생겨요. 초와 나무가 타는 모습을 살펴보고, 알맞은
글 2가지에 ◯ 하세요.

① 불꽃 주변이 밝아져요.　　② 불꽃 주변이 어두워져요.

③ 불꽃 가까이 손을 대면 따뜻해요.　　④ 불꽃은 차가워요.

불에 타나, 불을 끄나?

⭐ 양쪽이 어떻게 다른가요? 불에 타는 쪽에 🔘, 불을 끄는 쪽에 🔴 붙임 딱지를 붙이세요.

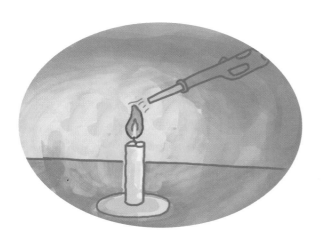

물질이 탈 때 빛과 열을 내는 것이 '연소', 타는 물질을 끄는 것이 '소화'야.

어떻게 나누었나?

⭐ 물질을 둘로 나누었어요. 어떻게 나누었나요? 알맞은 글과 선으로 이으세요.

맛이나 색깔이 바뀌었어요.   겉모양이 바뀌었어요.

⭐ 신맛이 나는 물질과 미끌거리는 물질로 나누었어요. 붙임 딱지에 있는 물질을 알맞은 곳에 붙이세요.

신맛이 나는 물질

미끌거리는 물질

물질 분류 놀이

⭐ 물질을 어떻게 나눌까요? 손놀이 꾸러미에 있는 물질 카드로 분류 놀이를 하세요.

물질 카드가
필요해.

⭐ 한 가지로 이루어진 물질과 두 가지가 섞인 물질로 나누세요.

한 가지로 이루어진
물질 카드를 모으세요.

두 가지가 섞인
물질 카드를 모으세요.

두 가지가 섞인 물질에서 물에 녹은 물질과 물에 녹지 않은 물질로 나누세요.

조각이나 알갱이가
눈에 보이지 않고
투명해.

물에 녹은 물질 카드를 모으세요.

물에 녹지 않은 물질 카드를 모으세요.

조각이나 알갱이가
보이면 녹지 않은 거야.

불을 붙여!

⭐ 불을 붙이는 데 쓰는 물건만 모았어요. 불꽃 붙임 딱지를 붙이며 길을
따라가세요.

36

맞는 곳에 모았나?

⭐ 불에 타는 물질끼리, 불을 끄는 물질끼리 모았어요. 잘못 모은 물질에 ○ 하세요.

| 불에 타는 물질 | 불을 끄는 물질 |

물에 녹은 물질은 어느 것일까?

⭐ 물과 고르게 섞인 물질 1가지를 찾아 ○ 하세요.

코코아

딸기 주스

고르게 섞인 혼합물이
용액이야. 용액을 직접
만들어 봐.

당근 주스

설탕물

⭐ 물과 코코아를 섞었어요. 이야기를 읽고, 코코아를 물에 더 많이 섞으려면 어떻게 해야 하는지 알아보세요.

⭐ 설탕이 더 많이 녹는 컵에 ◯ 하세요.

 # 무엇일까?

⭐ 여러 가지 재료가 섞인 음식을 먹었어요. 친구의 말을 읽고, 어떤 음식인지
찾아 선으로 이으세요.

김, 당근, 시금치
맛이 나.

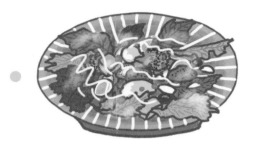

방울토마토, 브로콜리,
마요네즈 맛이 나.

상추, 달걀,
햄 맛이 나.

어떻게 분리할까?

⭐ 소금과 철 가루가 섞여 있어요. 둘을 따로 분리하려면 어떻게 할까요?
알맞은 그림에 ◯ 하세요.

⭐ 알루미늄 깡통과 철 깡통을 분리했어요. 어떻게 분리했는지 이야기를 읽고,
알맞은 글자 붙임 딱지를 붙이세요.

왜 탱탱할까?

⭐ 뽁뽁이를 만지면 탱탱해요. 왜 그럴까요? 뽁뽁이를 어디에 쓰는지 살펴보고,
알맞은 글에 ○ 하세요.

1. 구슬이 들어 있어서

2. 물이 들어 있어서

3. 공기가 들어 있어서

빈 페트병에 비닐장갑을 끼워 물속에 넣었다 뺐다 해 보세요. 이야기를 읽고, 공기로 채워진 비닐장갑에 ○ 하세요.

불을 끄려면 어떻게 할까?

⭐ 불이 났을 때 어떻게 불을 끌까요? 소방관이 불을 끄는 모습을 살펴보세요.

《와이즈만 유아
과학사전》 151쪽을
찾아봐.

⭐ 왜 불이 난 곳에 물을 뿌리는지 알맞은 글에 ◯ 하세요.

❶ 온도를 낮추려고   ❷ 타는 물질을 없애려고

⭐ 왜 불이 난 곳의 나무를 치우는지 알맞은 글에 ◯ 하세요.

❶ 타는 물질을 없애려고   ❷ 온도를 낮추려고

⭐ 왜 불이 난 곳에 모래를 뿌리는지 알맞은 글에 ◯ 하세요.

❶ 물질이 탈 때 필요한 산소를 없애려고

❷ 타는 물질을 없애려고

어떻게 될까?

⭐ 그림처럼 불을 켜 두면 어떤 일이 생길지 찾아 선으로 이으세요.

① ---

② ---

③ ---

● 나를 칭찬합니다. 나는 물질 공부를 매일 잘했습니다.

물질에 대해서 알게 된 점은

- -

- -

자신만만상

이름

- - - - - - - - - - - - - - - - - - - -

위 어린이는   월   일부터   월   일까지

물질 학습을 거르지 않고 매일매일 잘 해냈기에

이 상장을 줍니다.

년   월   일

왕관 붙임 딱지를
붙이세요.

엄마 아빠

힘과 에너지

관찰 탐구

- 빛을 비추어 보고, 그림자 살펴보기
- 거울과 렌즈 비교하기
- 열이 전해지는 방법 알아보기

분류 탐구

- 빛의 특성을 기준으로 물건 나누기
- 거울을 쓰는 물건과 렌즈를 쓰는 물건끼리 모으기

추리 · 예상 탐구

- 물속에 비치는 모습 유추하기
- 에어컨을 벽 위쪽에 다는 이유 추론하기
- 빛이 없을 때 생길 일을 상상하여 글로 써 보기

교과 연계 단원

3학년 1학기 자석의 이용 4학년 2학기 그림자와 거울 5학년 1학기 온도와 열
6학년 1학기 빛과 렌즈 6학년 2학기 전기의 작용

냉장고를 꾸며 봐

⭐ 냉장고 문은 쇠로 만들어졌어요. 자석 모양의 붙임 딱지로 냉장고를 꾸미세요.

자석에 대어 봐

⭐ 무엇이 쇠로 만들어졌나요? 자석에 붙는 물건 3가지를 찾아 ◯ 하세요.

쇠로 만들어진 물건만 내 몸에 붙지!

쇠 깡통

알루미늄 깡통

플라스틱 안경

쇠 바늘

쇠못

색종이

곧게 나아가는 빛

⭐ 햇빛, 불빛이 비쳐요. 빛이 어떻게 비치나요? 알맞은 글에 ◯ 하세요.

1 빛이 곧게 비쳐요.

2 빛이 구부러져 비쳐요.

3 빛이 동그랗게 비쳐요.

⭐ 빛을 비추면 그림자가 생겨요. 토끼와 여우의 그림자를 만들어 보고, 그리세요.

손놀이 꾸러미의 카드와 플래시가 필요해.

곧게 나아가는 빛을 토끼가 막으면 토끼 뒤쪽으로 그림자가 생겨요.

토끼 카드를 붙여 세우세요.

빛을 가까이, 멀리 비춰 봐.

여우 카드를 붙여 세우세요.

 # 빛과 거울

⭐ 거울에 비친 방의 모습이에요. 방에 있는 물건 2가지를 찾아 ○ 하세요.

빛이 거울에 반사되어 모습이 비쳐.

① 액자　　　　　② 곰 인형　　　　　③ 의자

보이지 않는 빛

⭐ 빛으로 여러 가지 일을 해요. 빛을 쓰는 물건과 하는 일을 선으로 이으세요.

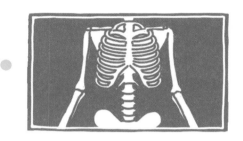

비치는 모습이 어떻게 달라?

⭐ 숟가락에 비치는 모습이에요. 오목한 쪽과 볼록한 쪽에 비치는 모습과 글을 선으로 이으세요.

외계인 같지?

볼록한 쪽

얼굴이 거꾸로 보여!

오목한 쪽

밥을 떠먹는 쪽이 오목한 모양이야.

거꾸로 보여요.

《와이즈만 유아 과학사전》 178쪽을 찾아봐.

뒤집으면 볼록한 모양이야.

똑바로 보여요.

오목한 거울에 비치는 모습과 글을 선으로 이으세요.

똑바로 크게 보여요.

거꾸로 보여요.

 볼록한 거울에 비치는 모습과 글을 선으로 이으세요.

아주 작게 보여요.

작게 보여요.

 오목 거울은 가까이 비칠 때 실제 모습보다 크게 보이고, 멀리 비칠 때 거꾸로 보입니다. 볼록 거울은 가까이 비칠 때 실제 모습보다 작게 보이고, 멀리 비칠 때 아주 작게 보입니다.

보이는 모습이 어떻게 달라?

⭐ 아빠와 할아버지의 안경은 다르게 보여요. 둘의 말을 읽고, 알맞은 안경을 찾아 선으로 이으세요.

가운데가 오목한 안경이라 글자가 작게 보여.

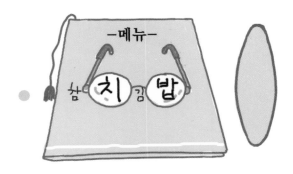

가운데가 볼록한 안경이라 글자가 크게 보여.

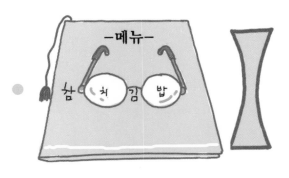

★ 오목한 안경의 렌즈예요. 보이는 모습과 글을 선으로 이으세요.

멀리에서 보면
아주 작게 보여요.

가까이에서 보면
작게 보여요.

★ 볼록한 안경의 렌즈예요. 보이는 모습과 글을 선으로 이으세요.

가까이에서 보면 똑바로
크게 보여요.

멀리에서 보면 거꾸로
작게 보여요.

움직이는 열

⭐ 난롯불을 쬐는 손은 어떻게 되나요? 알맞은 글에 ○ 하세요.

❶ 차가워져요.　　　　❷ 따뜻해져요.

⭐ 냉장고에 넣은 음식은 어떻게 되나요? 알맞은 글에 ○ 하세요.

❶ 차가워져요.　　　　❷ 뜨거워져요.

열이 전해져 따뜻해지거나 차가워져요. 그릇을 쥔 친구의 말을 읽고,
알맞은 글과 선으로 이으세요.

따뜻한 밥에서 차가운
손으로 열이 전해져요.

따뜻한 손에서 차가운
빙수로 열이 전해져요.

열을 어떻게 전하나?

⭐ 열이 전해져 물이 끓어요. 그림을 순서대로 보고, 알맞은 글자 붙임 딱지를 붙이세요.

따뜻해진 물이 올라가요.

차가운 물이 내려와요.

열이 흘러 다니며 물이 끓어.

물이 끓어요.

열이 물을 타고 위로 아래로 빙글 돌면서 움직이는 것을 '대류'라고 해.

열을 들고 갈게. 기다려!

빛을 비추어 열을 전하는 2가지를 찾아 ◯ 하세요.

열은 전도나 복사, 대류를 통해 전해집니다. 따뜻한 컵처럼 고체인 물질이 직접 열을 전하는 것은 전도, 장작불이나 태양열처럼 전해 주는 물질 없이 바로 열을 전하는 것은 복사, 물처럼 움직여 열을 전하는 것은 대류입니다.

어떤 힘으로 일을 하나?

⭐ 일을 할 수 있는 힘이 에너지예요. 하는 일과 에너지를 선으로 이으세요.

빛 에너지

열에너지

소리 에너지

운동 에너지

전기 에너지가 빛 에너지로 바뀌는 물건에 ○ 하세요.

 전기 에너지가 소리 에너지로 바뀌는 물건에 ○ 하세요.

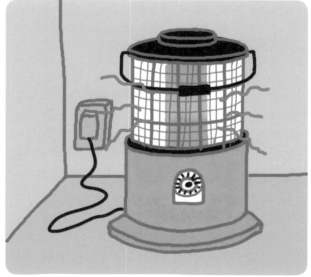

어떻게 나누었나?

⭐ 빛을 내는 물건과 빛을 내지 못하는 물건으로 나누었어요. 붙임 딱지에 있는
물건을 알맞은 곳에 붙이세요.

빛을 내는 물건

빛을 내지 못하는 물건

물건을 둘로 나누었어요. 어떻게 나누었나요? 알맞은 글과 선으로 이으세요.

속이 비치는
물건끼리 모았어요.

속이 안 비치는
물건끼리 모았어요.

거울, 렌즈 분류 놀이

⭐ 거울이나 렌즈를 쓰는 물건을 어떻게 나눌까요? 손놀이 꾸러미에 있는
물건 카드로 분류 놀이를 하세요.

물건 카드가
필요해.

⭐ 거울을 쓰는 물건과 렌즈를 쓰는 물건으로 나누세요.

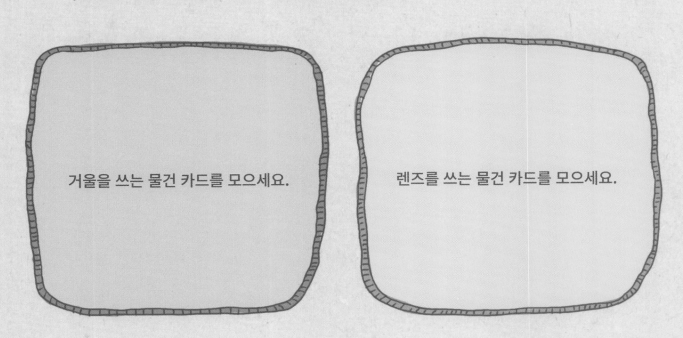

거울을 쓰는 물건 카드를 모으세요.

렌즈를 쓰는 물건 카드를 모으세요.

★ 볼록한 거울을 쓰는 물건과 오목한 거울을 쓰는 물건으로 나누세요.

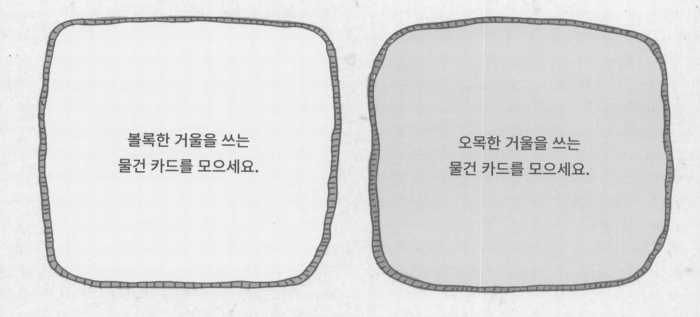

볼록한 거울을 쓰는
물건 카드를 모으세요.

오목한 거울을 쓰는
물건 카드를 모으세요.

★ 볼록한 렌즈를 쓰는 물건과 오목한 렌즈를 쓰는 물건으로 나누세요.

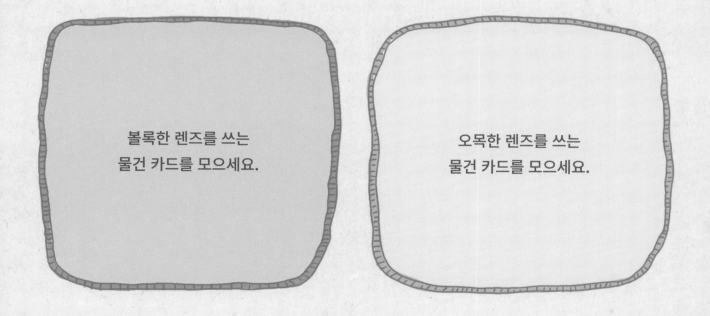

볼록한 렌즈를 쓰는
물건 카드를 모으세요.

오목한 렌즈를 쓰는
물건 카드를 모으세요.

방 탈출 게임

⭐ 누가 먼저 도착할까요? 주사위를 던져 나온 에너지와 관계있는 물건을 찾아
방을 따라가세요.

게임 방법

① 자신의 게임 판과 말을 정하세요.

② 주사위를 던져 나온 에너지의 물건을 찾아 순서대로 말을 옮기세요.
　에너지를 쓰지 않는 물건은 건너뛰세요.

③ 자신의 게임 판에 관계있는 물건이 없거나, 꽝이 나오면 말을 옮길 수 없어요.

손놀이 꾸러미에 있는 주사위와 말을 준비해.

어떻게 비칠까?

⭐ 거울에 얼굴이 비쳐요. 알루미늄박에도 얼굴이 비칠까요? 이야기를 읽고,
알맞은 그림에 ◯ 하세요.

알루미늄박에도
직접 비춰 봐.

구겨지지 않은
알루미늄박에도 빛이
반사돼.

거울에 빛이 반사되어
얼굴을 비추는 거예요.

이 예쁜이가
누굴까?

얼굴이
안 비쳐!

⭐ 물고기 반쪽 카드를 거울에 대고 비추면 어떻게 보이는지 살펴보세요.

⭐ 곰 인형 반쪽 카드를 거울에 비춘 모습에 ◯ 하세요.

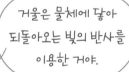

어떻게 보일까?

⭐ 빈 컵과 물이 든 컵에 빛이 비쳐요. 빛이 어떻게 비치는지 살펴보세요.

빛이 공기를 비치다 물속을 비치면 꺾여.

⭐ 빨대는 물속에서 어떻게 보일까요? 알맞은 그림에 ○ 하세요.

★ 장난감 자동차가 들어 있는 컵에 물을 부으면 어떻게 보이는지 살펴보세요.

물이 담긴 둥근 컵은 볼록 렌즈 같아. 크게 보여.

★ 작은 물고기 그림을 물이 든 컵에 넣으면 어떻게 보일까요? 알맞은 그림에 ○ 하세요.

손놀이 꾸러미에 있는 물고기 카드로 직접 해 봐.

어떤 물질로 만들까?

⭐ 열에 닿으면 더 빨리 뜨거워지는 숟가락부터 순서대로 놓았어요.
화살표를 따라가며 어떤 물질인지 살펴보세요.

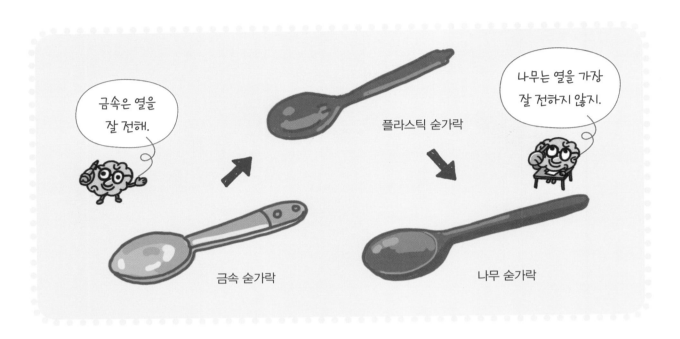

⭐ 금속 손잡이와 나무 손잡이 프라이팬이에요. 손잡이가 더 빨리 뜨거워지는
프라이팬에 ○ 하세요.

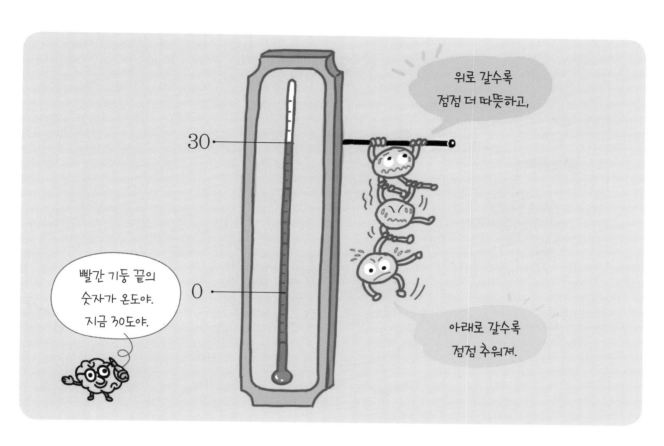

열의 양을 어떻게 나타낼까?

⭐ 온도를 재는 온도계예요. 온도계가 가리키는 숫자를 읽어 보고, 알맞은 글자
붙임 딱지를 붙이세요.

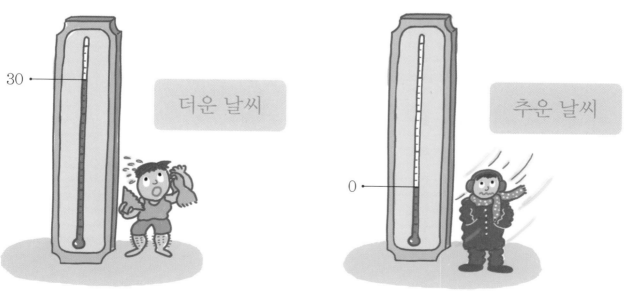

더운 날씨

추운 날씨

누가 북소리를 들을까?

⭐ 북을 두드리면 소리 에너지가 생겨요. 소리는 막혀 있으면 전달되지 않아요.
북소리가 들리는 아이에 ◯ 하세요.

왜 에어컨을 위쪽에 달까?

⭐ 에어컨은 벽 위쪽에 달아요. 왜 그럴까요? 공기가 어떻게 움직이는지 추리군의
말을 읽고, 알맞은 글에 ○ 하세요.

차가운 공기는
아래로 내려가.

따뜻한 공기는
위로 올라가.

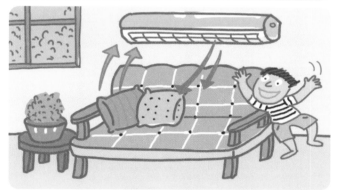

열이 공기를 타고
움직여 방 안이
시원해져.

① 차가운 공기가 아래로 내려가서

② 차가운 공기가 위로 올라가서

③ 따뜻한 공기가 아래로 내려가서

어떻게 에너지를 아낄까?

⭐ 양쪽을 비교해 보고, 전기 에너지를 아끼는 쪽에 ○ 하세요.

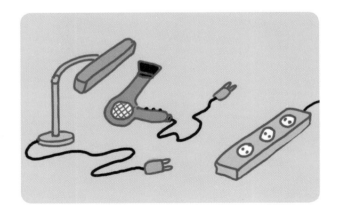

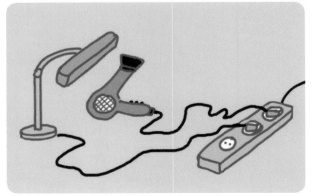

82

빛이 없다면?

⭐ 만약 빛이 없다면 어떤 일이 생길지 생각해 보고, 글로 쓰세요.

① --

② --

③ --

● 나를 칭찬합니다. 나는 힘과 에너지 공부를 매일 잘했습니다.

힘과 에너지에 대해서 알게 된 점은

- -

- -

실력쑥쑥상

이름

- - - - - - - - - - - - - - - - - -

위 어린이는   월   일부터   월   일까지

힘과 에너지 학습을 거르지 않고 매일매일 잘 해냈기에

이 상장을 줍니다.

년   월   일

왕관 붙임 딱지를
붙이세요.

엄마 아빠

지구

관찰 탐구
- 지구의 겉모습과 안쪽 모습 들여다보기
- 돌의 생김새 비교하기
- 돌의 쓰임새 알아보기

분류 탐구
- 돌이 생기는 방법을 기준으로 나누기
- 돌의 쓰임새가 같은 물건끼리 모으기

추리 · 예상 탐구
- 암석을 이루는 순서 따져 보기
- 지진으로 일어나는 결과 예상하기
- 대피할 때 필요한 물건과 이유를 글로 써 보기

교과 연계 단원

3학년 2학기 지표의 변화 4학년 1학기 지층과 화석 4학년 2학기 화산과 지진

지구

⭐ 우주에서 바라본 지구예요. 땅과 바다에 글자 붙임 딱지를 붙이세요.

구름이 떠 있어서 하얗게 보여.

땅은 흙과 단단한 돌로 이루어져 있어.

땅

바다

⭐ 지구의 안쪽 모습을 자른 사과와 비교해 보세요. 무엇으로 이루어져 있는지
살펴보고, 지구를 색칠하세요.

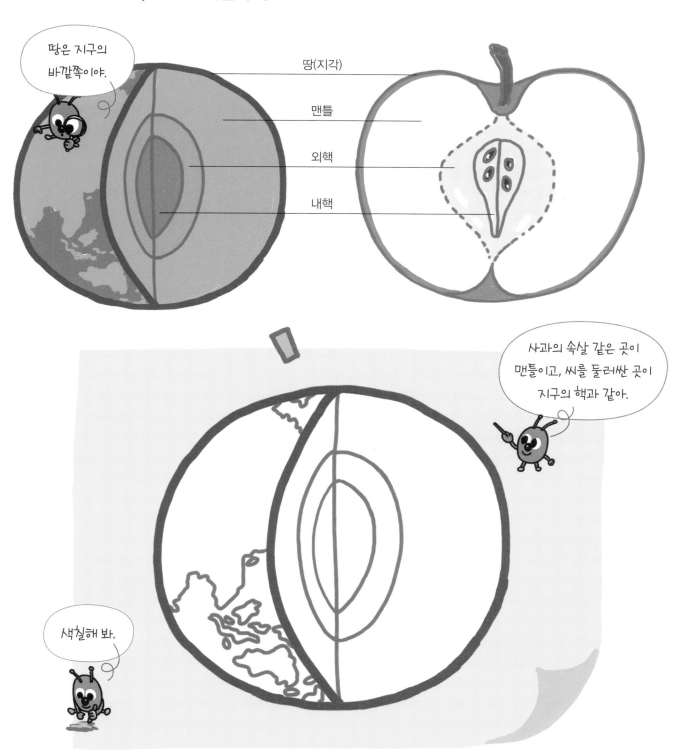

땅은 지구의
바깥쪽이야.

땅(지각)

맨틀

외핵

내핵

사과의 속살 같은 곳이
맨틀이고, 씨를 둘러싼 곳이
지구의 핵과 같아.

색칠해 봐.

땅 모양

⭐ 땅은 어떻게 생겼나요? 알맞은 글자 붙임 딱지를 붙이세요.

높이 솟아오른 땅이야.

산

넓고 평평한 땅이야.

평야

땅이 우묵하게 들어가 물이 괴어 있는 곳이야.

호수

물이 흐르는 땅이야.

강

★ 산에서 바다로 흘러가는 물이 땅을 깎거나 흙을 쌓아 만든 땅 모양이에요.
붙임 딱지에 있는 땅 모양을 알맞은 곳에 붙이세요.

돌

⭐ 여러 가지 모양과 색깔의 돌이에요. 돌에 재미있는 표정을 그리세요.

재미있게
그려 봐.

친구들이 들여다본 돌은 어느 것인가요? 알맞은 돌에 ○ 하세요.

화강암

이암

돌을 살펴봐

⭐ 흙이나 모래 같은 것이 오랫동안 쌓여 생긴 돌이에요. 같은 돌을 찾아 선으로 이으세요.

셰일   사암   석회암

흙이나 모래, 동물의 뼈나 껍질이 쌓여 생긴 돌이 퇴적암입니다. 셰일은 진흙, 사암은 모래와 진흙, 석회암은 조개껍데기와 같은 석회질 물질이 쌓여 생긴 돌입니다.

화산으로 생긴 돌

⭐ 마그마와 용암이 굳어져 생긴 돌이에요. 돌의 생김새에 알맞은 글과 선으로 이으세요.

용암이 땅 위에서 굳어 알갱이가 작은 암석이 돼.

뜨거운 마그마가 땅속에서 굳어 알갱이가 큰 암석이 돼.

용암

마그마

화강암

알갱이가 크고 밝은 색이에요.

현무암

알갱이가 작고, 어두운 색이에요.

아름다운 돌

⭐ 빛깔이 아름다운 보석이에요. 보석으로 만든 장신구를 찾아 선으로 이으세요.

루비

사파이어

에메랄드

94

어느 돌이지?

⭐ 돌에 들어 있는 물질로 만들어진 물건이에요. 어느 돌인지 찾아 사다리를 타고 내려가세요.

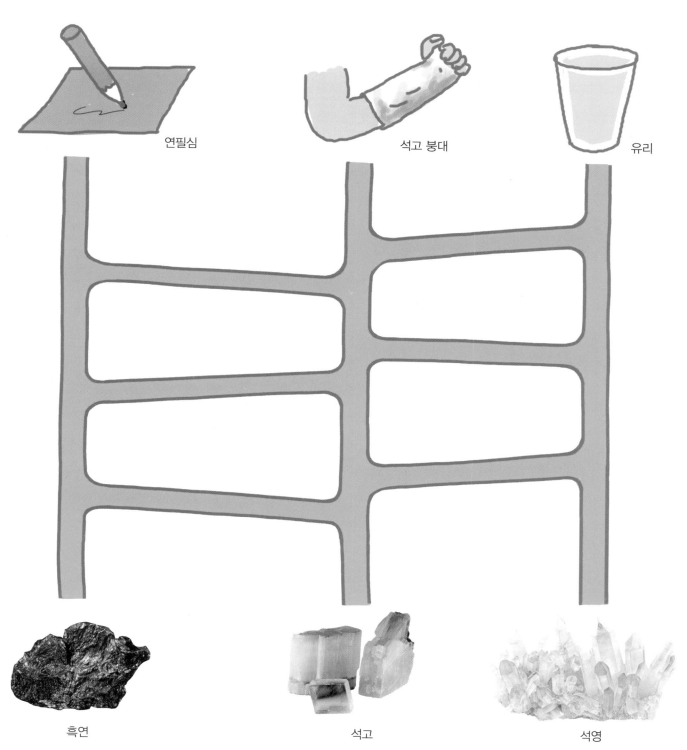

연필심

석고 붕대

유리

흑연

석고

석영

돌로 무엇을 만들지?

관찰
탐구

⭐ 돌로 쌓은 탑에 가려고 해요. 돌로 만들어진 물건을 따라가세요.

출발

도착

흙 수수께끼

⭐ 수수께끼 카드를 읽고, 알맞은 답을 찾아 선으로 이으세요.

바위를 쪼갠 돌멩이는?

가루처럼 곱고
질척거리는 흙은?

잘게 부스러진
돌 부스러기는?

자갈

모래

진흙

돌을 어떻게 나누지?

⭐ 돌이 생기는 방법에 따라 나누었어요. 어떻게 나누었는지 알맞은 글자 붙임
딱지를 붙이세요.

와, 이 절벽이
흙이 쌓이고 쌓여
생긴 거야.

모두 퇴적암이야.

셰일

석회암

사암

이암

흙이 쌓여 생긴 돌

현무암

화강암

유문암

반려암

화산으로 생긴 돌

쓰임새가 같은 돌끼리

⭐ 돌은 어디에 쓰일까요? 붙임 딱지를 알맞은 곳에 붙이세요.

건물에 쓰인 돌

가구에 쓰인 돌

물건에 쓰인 돌

작품에 쓰인 돌

흙은 어떻게 암석이 될까?

⭐ 땅을 이루는 단단한 물질이 암석이에요. 흙이 쌓여 암석이 되어요.
추리군의 말을 읽고, 그림에 알맞은 순서를 쓰세요.

⭐ 모래와 자갈을 암석처럼 만들려고 해요. 닮은 암석에 ◯ 하세요.

암석은 어떻게 흙이 될까?

⭐ 암석은 오랫동안 뿌리나 물, 바람에 부서져 흙이 되어요. 이야기를 읽고,
바람으로 부서지는 암석에 ◯ 하세요.

★ 커다란 바위가 부서져 흙이 되어요. 순서대로 화살표를 따라가며 알맞은 글자 붙임 딱지를 붙이세요.

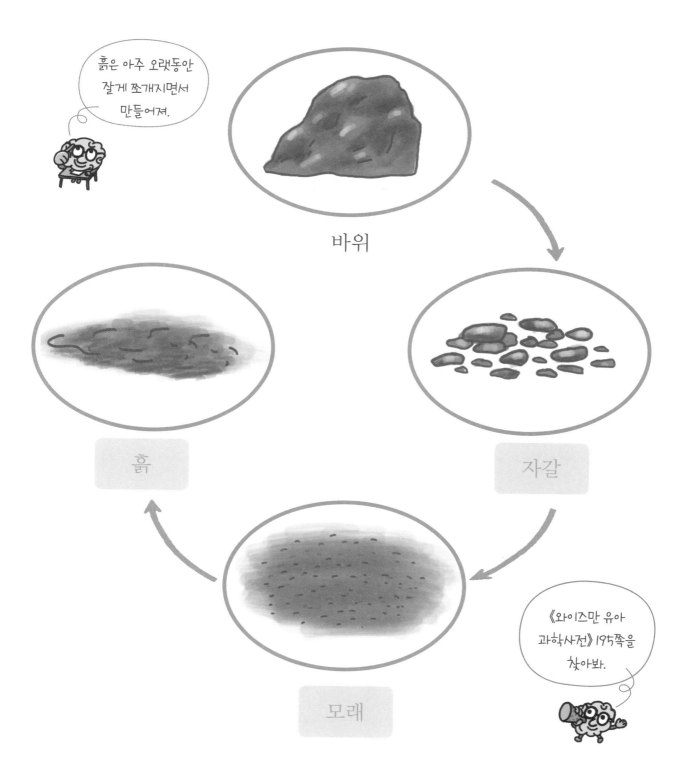

흙은 아주 오랫동안 잘게 쪼개지면서 만들어져.

바위

흙

자갈

모래

《와이즈만 유아 과학사전》 195쪽을 찾아봐.

 # 땅 모양이 변할까?

⭐ 땅이 힘을 받으면 모양이 변해요. 변한 빵 모양과 닮은 땅을 찾아 선으로 이으세요.

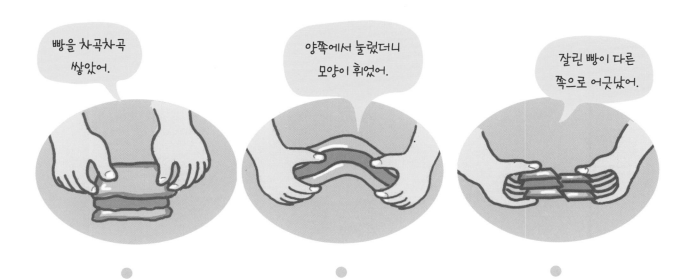

빵을 차곡차곡 쌓았어.

양쪽에서 눌렀더니 모양이 휘었어.

잘린 빵이 다른 쪽으로 어긋났어.

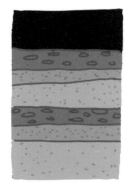
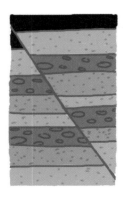

 화산 활동, 지진 같은 지각 변동이 일어나면 지층이 휘어지거나 끊어집니다. 휘어진 지층의 모양이 습곡, 끊어진 지층의 모양이 단층입니다.

땅속에서 힘을 받으면 땅이 흔들려 지진이 나요. 지진으로 생기는 일 3가지에
○ 하세요.

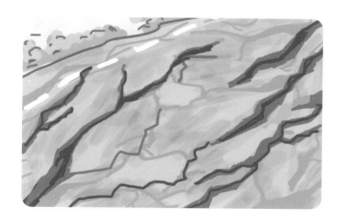

힘껏 땅을
흔들어 볼까?

꽈광!!

지진이 나면?

⭐ 지진이 났을 때 어떻게 해야 하는지 그림을 보고, 글로 쓰세요.

①

②

③

⭐ 지진이 나면 필요한 물건을 챙겨 대피해요. 어떤 것을 챙겨야 할지 생각해 보고, 그 이유를 글로 쓰세요.

1 -

2 -

3 -

● 나를 칭찬합니다. 나는 지구 공부를 매일 잘했습니다.

지구에 대해서 알게 된 점은

생각으뜸상

이름

위 어린이는   월   일부터   월   일까지

지구 학습을 거르지 않고 매일매일 잘 해냈기에

이 상장을 줍니다.

년   월   일

왕관 붙임 딱지를
붙이세요.

엄마 아빠

우주

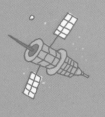

관찰 탐구
- 지구를 둘러싼 공기 살펴보기
- 지구 주위를 도는 달 모양의 변화 살펴보기
- 태양과 태양 주위를 도는 행성 비교하기

분류 탐구
- 계절에 따라 보이는 별자리끼리 모으기

추리 · 예상 탐구
- 일식과 월식의 원리 유추하기
- 우주의 특성을 근거로 우주복에 필요한 장치 그리기

교과 연계 단원

5학년 1학기 태양계와 별 6학년 1학기 지구와 달의 운동

지구를 둘러싼 공기

⭐ 지구 가까이에 공기가 많고, 멀어질수록 공기가 적어져요. 지구 밖 우주를 살펴보고, 무엇이 있는지 붙임 딱지에서 찾아 붙이세요.

사람이 지구에 살 수 있도록 공기가 하는 일 3가지를 찾아 ○ 하세요.

지구와 태양

⭐ 지구를 천천히 돌려 태양에 가까워지는 친구와 멀어지는 친구를 살펴보세요.
낮과 밤에 글자 붙임 딱지를 붙이세요.

손놀이 꾸러미로
만들어 봐.

햇빛이 비치는 곳은
낮이고, 반대쪽은
밤이야.

지구

지구는 날마다
한 바퀴씩 돌아요.

태양

밤   낮

밤   낮

⭐ 지구가 태양 주위를 빙 돌면 계절이 바뀌어요. 그림에 알맞은 글자 붙임 딱지를
붙이세요.

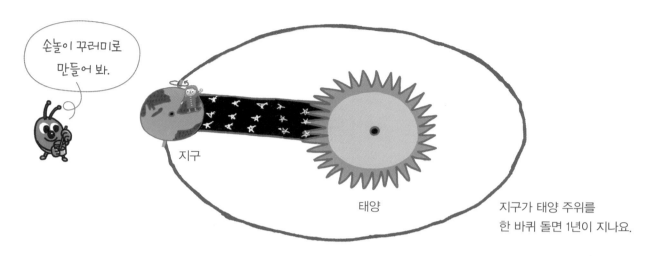

손놀이 꾸러미로
만들어 봐.

지구

태양

지구가 태양 주위를
한 바퀴 돌면 1년이 지나요.

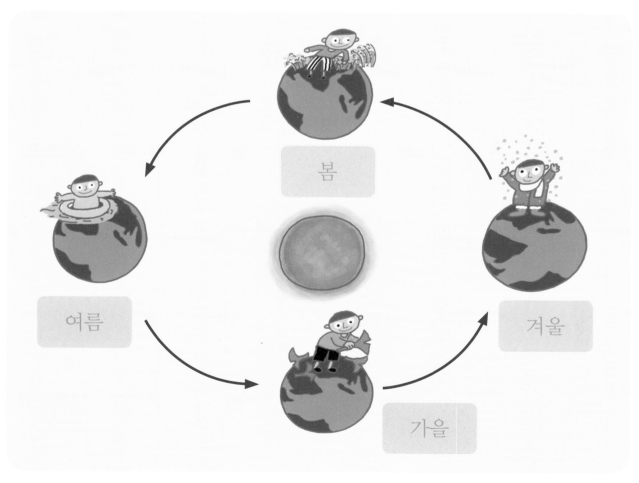

봄

여름

가을

겨울

지구와 달

⭐ 지구에서 보는 달의 모양이 매일 바뀌어요. 관찰씨가 가리키는 달을 찾아 글자 붙임 딱지를 붙이세요.

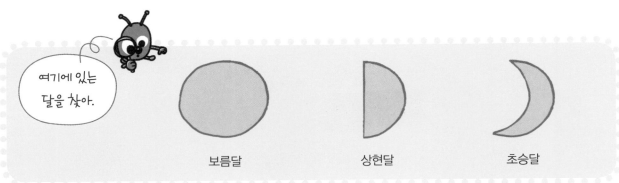

⭐ 달이 지구 주위를 빙 돌아요. 달을 돌려 태양에 가까울 때와 멀 때를 살펴보세요.
친구가 보는 달의 모양과 선으로 이으세요.

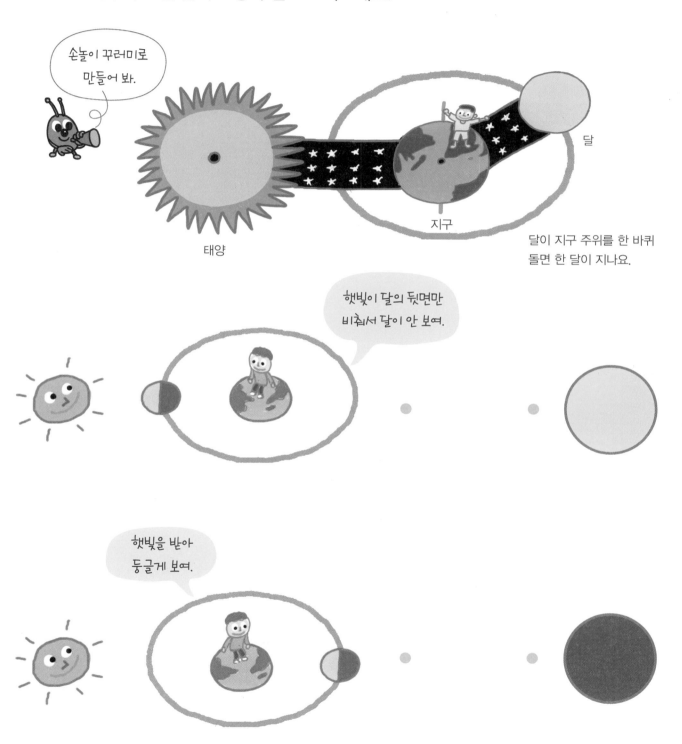

태양과 행성

여러 행성이 태양 주위를 돌고 있어요. 태양에 가까운 순서대로 붙임 딱지에서
찾아 붙이세요.

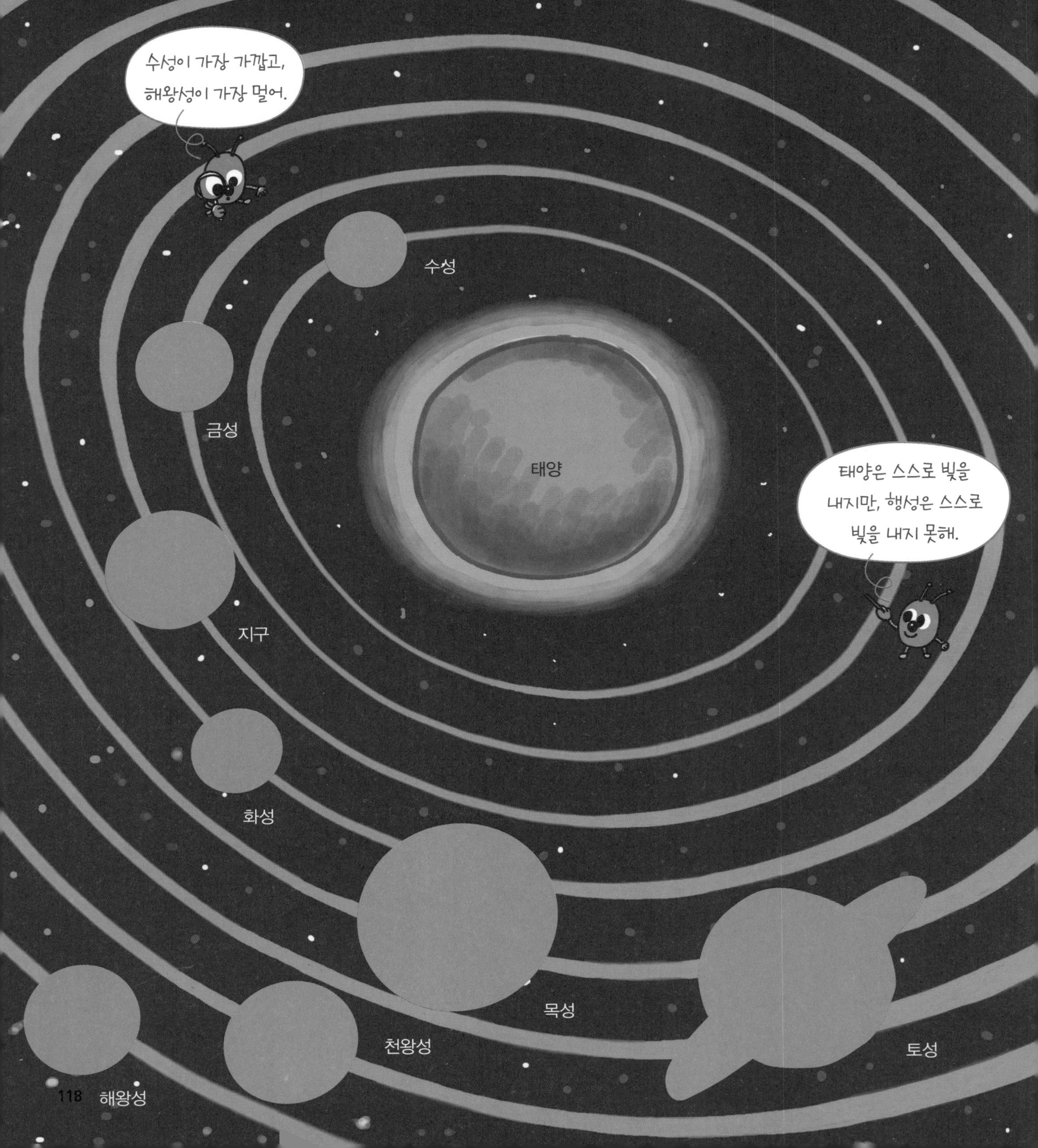

수성이 가장 가깝고,
해왕성이 가장 멀어.

수성

금성

태양

지구

태양은 스스로 빛을
내지만, 행성은 스스로
빛을 내지 못해.

화성

목성

천왕성

토성

해왕성

⭐ 태양과 8개의 행성을 태양계라고 해요. 행성의 크기를 비교하세요.

⭐ 행성의 모습을 살펴보고, 고리가 있는 행성에 ○ 하세요.

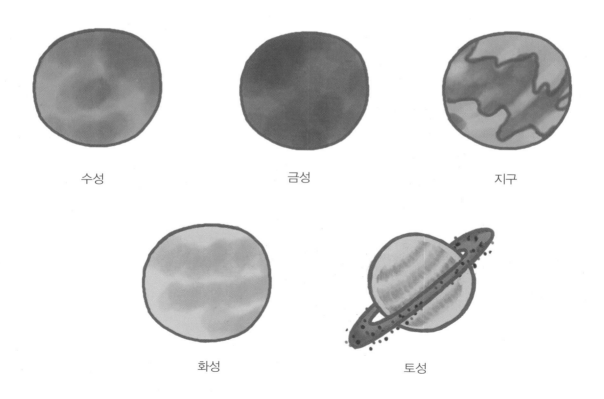

우주 탐사 게임

★ 누가 먼저 달에 도착할까요? 주사위를 던져 나온 수만큼 말을 옮기며 길을
따라가세요.

로켓의 컴퓨터가
고장 났어.
1칸 뒤로 가.

화살표를
따라가.

로켓에 연료를
채웠어.
3칸 앞으로 가.

엔진이 고장 났어.
1칸 뒤로 가.

출발

게임 방법

① 자신의 말을 정하세요.

② 순서대로 주사위를 던지세요. 주사위에 나온 수만큼 말을 옮기세요.

③ 옮긴 칸에 적힌 글대로 따라 하세요.

행성과 충돌했어. 꽝이야. 한 번 쉬어.

로켓에 산소가 부족해. 2칸 뒤로 가.

화살표를 따라가.

태양열로 연료를 채웠어. 2칸 앞으로 가.

도착

별자리를 어떻게 나누지?

 계절에 따라 보이는 별자리끼리 모았어요. 붙임 딱지에 있는 별자리를
알맞은 곳에 붙이세요.

봄에 보는 별자리를 붙이세요.

여름에 보는 별자리를 붙이세요.

별자리가 뭘 닮았지?

가을에 보는 별자리를 붙이세요.

겨울에 보는 별자리를 붙이세요.

태양이 사라졌을까?

⭐ 태양, 지구, 달이 어떻게 줄지어 있는지 살펴보세요.

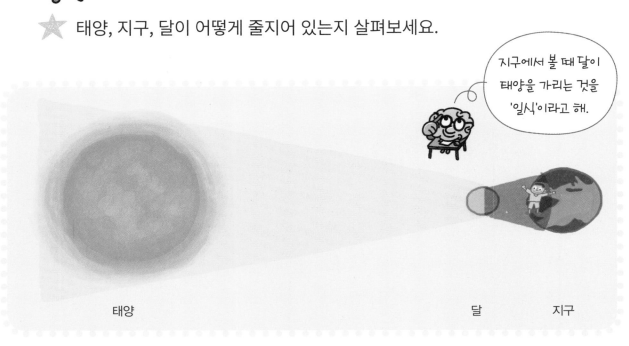

지구에서 볼 때 달이
태양을 가리는 것을
'일식'이라고 해.

태양   달   지구

⭐ 지구에서 태양이 안 보이는 그림에 ○ 하세요.

태양, 달, 지구 순서로
있는 것을 찾아봐.

> 지구에서 볼 때 태양이 달에 의해 가려지는 현상이 일식입니다. 달이 태양과 지구 사이에 있을 때 태양 빛에 의해
> 달의 그림자가 지구에 생깁니다.

달이 사라졌을까?

⭐ 태양, 지구, 달이 어떻게 줄지어 있는지 살펴보세요.

지구 그림자에 달이
가려지는 것을
'월식'이라고 해.

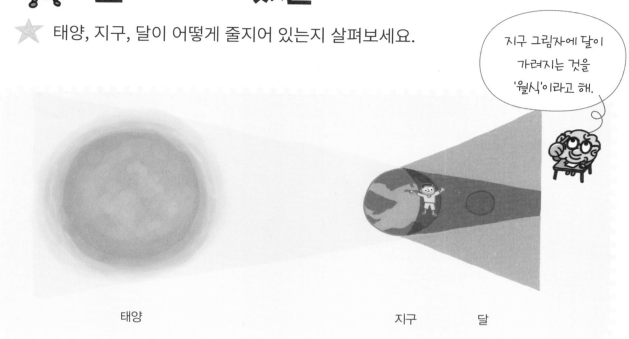

태양   지구   달

⭐ 지구에서 달이 안 보이는 그림에 ○ 하세요.

태양, 지구, 달 순서로
있는 것을 찾아봐.

지구가 달과 태양 사이에 있을 때 지구의 그림자에 달이 가려지는 현상이 월식입니다. 보름달이 뜨는 날 중, 태양, 지구,
달이 일직선상에 놓일 때에만 일어납니다.

125

우주복은 어떻게 생겼을까?

⭐ 다른 행성에서는 우주복을 입어야 해요. 무엇이 필요할지 생각해 보고,
우주복을 그리세요.

지구에 대기가 없다면?

⭐ 지구를 둘러싸고 있는 공기가 대기예요. 만약 대기가 없다면 어떤 일이 생길지
생각해 보고, 글로 쓰세요.

① ＿＿＿＿＿＿＿＿＿＿＿＿＿＿＿＿＿＿＿＿＿＿＿＿＿＿＿＿＿＿＿＿＿＿＿＿＿＿

② ＿＿＿＿＿＿＿＿＿＿＿＿＿＿＿＿＿＿＿＿＿＿＿＿＿＿＿＿＿＿＿＿＿＿＿＿＿＿

③ ＿＿＿＿＿＿＿＿＿＿＿＿＿＿＿＿＿＿＿＿＿＿＿＿＿＿＿＿＿＿＿＿＿＿＿＿＿＿

● 나를 칭찬합니다. 나는 우주 공부를 매일 잘했습니다.

우주에 대해서 알게 된 점은

탐구왕상

이름

위 어린이는   월   일부터   월   일까지

우주 학습을 거르지 않고 매일매일 잘 해냈기에

이 상장을 줍니다.

년   월   일

왕관 붙임 딱지를
붙이세요.

엄마 아빠

학부모와 함께보는
쉬운 해설집

즐깨감 과학탐구 4

물질 · 힘과 에너지 · 지구 · 우주

와이즈만 BOOKs

물질 해답과 도움말

이런 내용을 배웠어요.

관찰 탐구

- 물질끼리 섞어 보고, 분리해 보기
- 특성이 바뀌는 물질 변화 비교하기
- 불에 타는 것과 불을 끄는 것 비교하기

분류 탐구

- 함께 모인 물질의 공통점 찾기
- 신맛이 나는 물질과 미끌거리는 물질로 나누어 보기
- 한 가지 물질과 섞여 있는 물질로 분류하기

추리·예상 탐구

- 자석에 붙는 특성으로 물질 판단하기
- 공기 실험하고, 결과 예상하기
- 불을 끄는 원리 유추하기

16~17쪽

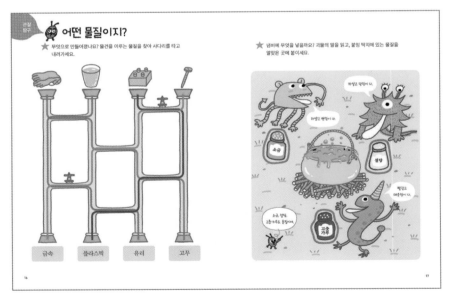

'물질'이라는 개념어를 확인하고, 여러 가지 물질의 특징을 알아봅니다.

16쪽 고무장갑, 컵, 블록, 못은 물체입니다. 고무, 유리, 플라스틱, 금속은 물체를 이루고 있는 물질입니다.

17쪽 소금, 설탕, 고춧가루도 물질입니다. 물질 저마다 맛이나 색깔 같은 고유의 성질을 가지고 있습니다.

혼합물의 개념을 확인하고, 저마다 다른 성질을 이용해서 분리해 봅니다.

18쪽 콩, 쌀, 코코아, 우유, 올리브유, 토마토는 물질입니다. 각각을 섞은 물질은 혼합물이라고 합니다. 각각의 물질이 섞여도 물질 고유의 모양이나 맛은 변하지 않습니다.

19쪽 혼합물을 섞인 물질의 차이점을 찾아 분리할 수 있습니다. 콩과 쌀의 차이점은 크기입니다. 자석에 붙지 않는 것은 콩과 쌀의 공통점입니다. 크기가 다른 콩과 쌀을 체에 걸러 내어 분리합니다.

물질의 녹는 성질을 살펴보고, '용액'이라는 개념어를 알아봅니다.

20쪽 설탕과 물을 섞으면 설탕은 물에 녹아 보이지 않게 됩니다. 딸기를 물에 섞어 믹서에 갈면 딸기 조각이 보입니다. 설탕만 물에 녹는 물질입니다. 조각이 보이는 딸기는 물에 녹지 않는 물질입니다.

21쪽 혼합물 중에서 설탕물처럼 고르게 섞여 있을 때 '용액'이라고 합니다. 딸기 주스는 용액이 아닙니다. 설탕물, 소금물, 사이다는 용액입니다. 사이다는 물에 이산화 탄소라는 기체가 녹아 있는 탄산음료입니다.

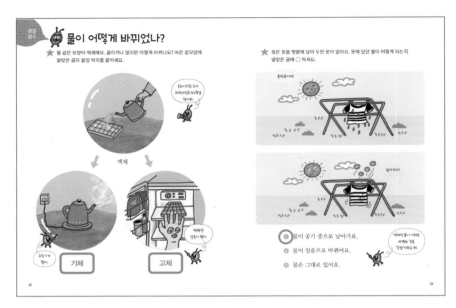

물은 액체이거나 고체, 기체인 상태로 존재합니다. 열을 얻거나 잃었을 때 상태가 변하는 것을 살펴봅니다.

22쪽 흐르는 물의 상태는 액체입니다. 팔팔 끓이면 수증기가 됩니다. 수증기는 기체 상태입니다. 물을 얼리면 얼음이 됩니다. 얼음은 고체 상태입니다.

23쪽 젖은 빨래를 햇볕에 널어 두면 마르는 것은 액체인 물이 기체 상태로 변하는 것입니다. 액체인 물질이 주위의 열을 흡수하여 천천히 기체 상태로 변하는 것을 '증발'이라고 합니다. 가정에서 물이 마르는 상황을 관찰해 봅니다.

24쪽 고체 상태인 드라이아이스의 변화를 살펴봅니다. 드라이아이스를 그대로 두면 기체 상태로 변해 보이지 않게 됩니다. 드라이아이스 조각이 점점 작아지는 변화에 집중합니다.

25쪽 두 그림 비교하기입니다. 얼음(고체) → 물(액체), 드라이아이스(고체) → 이산화 탄소(기체), 언 아이스크림(고체) → 녹은 아이스크림(액체), 당근(고체) → 잘린 당근(고체). 모습은 바뀌지만 그 물질의 고유한 성질은 변하지 않습니다.

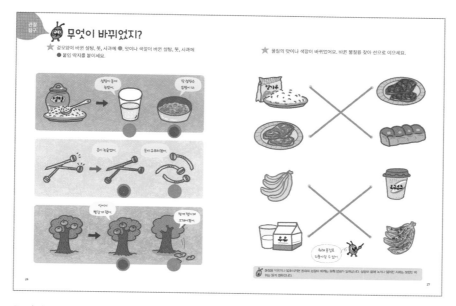

물질의 모양만 바뀌는 물리적 변화와 성질까지 바뀌는 화학적 변화를 비교해 봅니다.

26쪽 물에 녹은 설탕, 구부러진 못, 떨어져 으깨진 사과는 모양만 바뀐 물리적 변화입니다. 탄 설탕, 녹슨 못, 익은 사과는 맛과 성질이 변한 화학적 변화입니다. 구부러진 못은 자석에 붙지만, 녹슨 못은 자석에 붙지 않습니다.

27쪽 밀가루, 생고기, 바나나가 익거나 우유를 발효시킨 요구르트는 성질이 바뀐 화학적 변화입니다.

산과 염기가 들어 있는 물질을 비교해 봅니다. 물에 녹아 산성을 나타내는 물질이 '산'입니다. 주로 신맛을 냅니다. 물에 녹아 염기성을 나타내는 물질이 '염기'입니다. 주로 미끈미끈합니다

28쪽 신맛을 내는 물질을 찾습니다. 레몬, 식초, 김치, 요구르트는 산성을 띠는 물질입니다.

29쪽 피부에 닿았을 때 미끈미끈한 느낌을 주는 물질을 찾습니다. 베이킹소다, 비누, 샴푸, 표백제는 염기성을 띠는 물질입니다.

물질의 타는 성질에 대해 알아봅니다.

30쪽 　초나 나무 같은 물질이 탈 때 주변이 밝아지고, 따뜻해집니다. 빛과 열을 내며 물질이 타는 현상을 '연소'라고 합니다. 물질이 연소하려면 탈 물질, 공기(산소), 발화점 이상의 온도가 필요합니다.

31쪽 　불을 끄는 것을 '소화'라고 합니다. 연소에 필요한 조건을 없애 불을 끕니다. 초, 나무, 알코올이 탈 물질입니다. 입으로 훅 불면 탈 물질이 입김에 날아갑니다. 알코올 램프 뚜껑을 덮어서 공기 중에 있는 산소를 차단합니다. 타고 있는 나무에 물을 뿌려 발화점 미만으로 온도를 낮춥니다.

32쪽 　나누어진 무리를 보고 기준을 찾습니다. 부러진 초, 깨진 달걀, 구부러진 못, 찢어진 단풍잎은 모양만 변한 물리적 변화 상태입니다. 녹슨 못, 탄 초, 달걀 프라이, 붉게 물든 단풍잎은 성질이 변한 화학적 변화 상태입니다.

33쪽 　나누어 놓은 두 무리의 기준에 맞게 물질을 분류해 봅니다. 분류는 기준을 세워 비슷한 것끼리 모아 다른 것과 구분 짓는 탐구 활동입니다. 식초, 귤, 레몬, 사과는 산이 들어 있는 물질입니다. 표백제, 베이킹소다. 비누, 샴푸는 염기가 들어 있는 물질입니다.

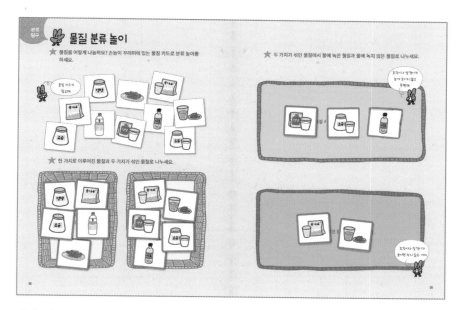

설탕, 딸기, 콩 물, 콩가루, 소금, 물, 설탕물, 식초, 딸기 주스, 소금물을 기준을 세워 분류해 봅니다.

34쪽 물질 카드에 있는 물질을 한 가지 물질인 것과 혼합물로 분류합니다. 식초는 물과 아세트산, 여러 가지 물질이 섞여 있는 혼합물입니다. 콩 물은 콩가루와 물, 딸기 주스는 딸기와 물, 설탕물은 설탕과 물, 소금물은 소금과 물이 섞여 있는 물질입니다.

35쪽 혼합물 카드 중에서 용액인 것과 용액이 아닌 것으로 분류합니다. 용액은 물에 고르게 섞인 혼합물이고, 고르게 섞이지 않은 혼합물은 용액이 아닙니다.

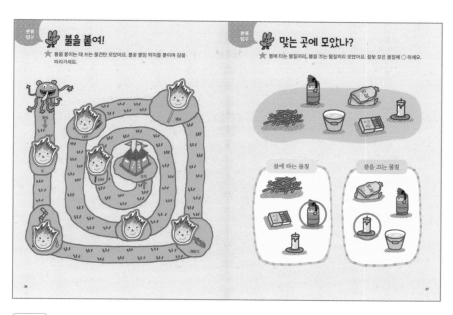

36쪽 불을 붙이는 물건이 놓여 있는 길입니다. 초, 난로, 점화기, 횃불, 나무, 성냥, 성화에 불꽃을 붙이며 길을 따라갑니다.

37쪽 소화기, 모래, 장작, 물, 성냥, 초를 불에 타는 물질과 불을 끄는 물질로 분류해 봅니다. 모래, 물을 뿌려 온도를 낮추고, 모래를 뿌리거나 소화기로 산소를 차단시켜 불을 끕니다.

38~39쪽

어떤 사실에 대해 직접 알지 못해도 알고 있는 사실을 통해 미루어 짐작하는 것이 추리 탐구 방법입니다.

38쪽 관찰 탐구에서 알게 된 사실을 근거로 판단해 봅니다. 물과 고르게 섞인 물질은 설탕물처럼 떠다니는 작은 조각이 없는 상태입니다.

39쪽 모든 조건이 같고 물의 양만 다르다면 물에 코코아가 더 많이 섞입니다. 실험을 통해 코코아 섞이는 양이 물 양에 따라 다른 것을 알려줍니다. 위에서 알게 된 사실을 근거로 설탕이 더 많이 녹는 컵을 유추해 봅니다.

40~41쪽

40쪽 혼합물의 성질을 근거로 유추해 봅니다. 혼합물은 맛이나 색깔이 변하지 않는 물리적 변화 물질입니다. 맛에 대한 설명을 읽고, 그 물질이 들어 있는 음식을 찾습니다.

41쪽 산과 염기가 만나면 둘의 성질을 잃게 되는 것을 '중화'라고 합니다. 생선의 비린내나 비누는 염기가 들어 있는 물질입니다. 산이 들어 있는 레몬이나 식초와 만나게 되면 두 성질이 중화되어 비린내가 없어지거나 머릿결이 부드러워집니다.

42쪽 관찰 탐구에서 익힌 혼합물의 분리 원리에 관한 추리 탐구입니다. 혼합물을 분리할 때는 섞인 두 물질의 차이점을 찾아야 합니다. 소금은 자석에 붙지 않고, 철 가루는 자석에 붙는 성질을 이용해서 분리합니다.

43쪽 재활용 분리도 혼합물의 분리 원리와 같습니다. 철 깡통은 자석에 붙고, 알루미늄 깡통은 자석에 붙지 않습니다. 위쪽 컨베이어 벨트의 바퀴를 자석으로 만들면 철 깡통은 자석에 달라붙습니다. 알루미늄 깡통은 자석에 붙지 않아 파란 상자에 먼저 떨어집니다.

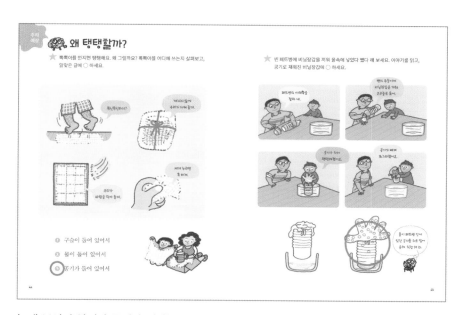

눈에 보이지 않지만 공기가 있다는 것을 여러 방법으로 유추해 봅니다.

44쪽 뽁뽁이를 누르면 폭신거리거나, 톡 터지는 것은 그 안에 공기가 들어 있기 때문입니다. 공기 층이 바람을 막거나 물건을 보호해 줍니다.

45쪽 ❶ 페트병의 아래쪽을 잘라 냅니다. ❷ 페트병의 주둥이에 비닐장갑을 끼워 고무줄로 묶습니다. ❸ 물이 차 있는 유리 그릇에 페트병을 잠기게 넣습니다. 물이 빈 페트병 안으로 들어가면서 안쪽 공기를 위로 밀어 올립니다. 공기가 비닐장갑 쪽으로 이동하여 비닐장갑이 탱탱해집니다. ❹ 페트병을 들어 올려 물이 빠지게 하면 페트병 안쪽 공기가 아래로 이동하면서 비닐장갑이 쪼그라집니다.

불을 끄는 조건에 대해 유추해 봅니다.

46쪽 소방관이 하는 일을 통해 불을 끄는 방법을 유추해 봅니다. 물을 뿌려 온도를 낮추고, 탈 만한 물질을 없애고, 소화기로 산소를 차단하는 물질을 뿌립니다.

47쪽 나무처럼 불에 타는 물질을 없애거나 모래를 뿌려 산소를 차단시키면 더 이상 연소하지 않게 됩니다.

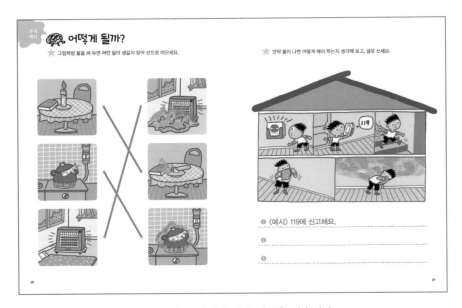

사실을 근거로 판단하여 사고를 막고, 안전에 대해 관심을 갖습니다.

48쪽 불 옆에 책이나 이불 같은 탈 물질이 놓여 있다면 화재가 나기 쉽습니다. 아무도 없을 때는 가스 밸브를 잠가 탈 물질을 차단시킵니다.

49쪽 글쓰기를 통해 논리적인 생각을 확장시켜 봅니다. 불을 발견하면 "불이야!" 라고 외치거나 비상벨을 눌러 사람들에게 알립니다. 계단을 이용하여 대피합니다. 물에 적신 수건 등으로 코와 입을 막고, 낮은 자세로 이동합니다. 또한 119에 전화를 걸어 신고합니다.

힘과 에너지 해답과 도움말

이런 내용을 배웠어요.

관찰 탐구

- 빛을 비추어 보고, 그림자 살펴보기
- 거울과 렌즈 비교하기
- 열이 전해지는 방법 알아보기

분류 탐구

- 빛의 특성을 기준으로 물건 나누기
- 거울을 쓰는 물건과 렌즈를 쓰는 물건끼리 모으기

추리 · 예상 탐구

- 물속에 비치는 모습 유추하기
- 에어컨을 벽 위쪽에 다는 이유 추론하기
- 빛이 없을 때 생길 일을 상상하여 글로 써 보기

52~53쪽

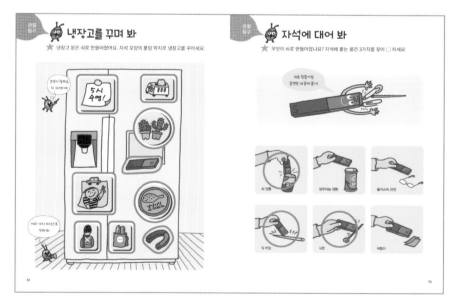

자석의 자기력에 대해 알아봅니다. 자기력은 쇠(철)로 만들어진 물체를 자석이 끌어당기는 힘입니다. 주변에서 자기력이 작용하는 물건을 찾아봅니다.

(52쪽) 냉장고 문에는 쇠가 들어 있어 자석이 달린 물건이 붙습니다. 여러 가지 모양의 자석을 주변에서 찾아 직접 붙여 봅니다.

(53쪽) 쇠로 만들어진 클립, 바늘, 옷핀, 못은 자석에 가까이 대면 붙습니다. 쇠 깡통은 자석에 붙고, 알루미늄 깡통은 자석에 붙지 않습니다. 참치 깡통이나 통조림 깡통은 대개 쇠로 만들어지고, 음료수 깡통은 대개 알루미늄으로 만들어집니다.

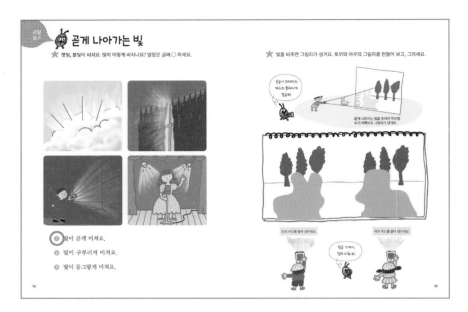

물체를 볼 수 있는 것은 빛 때문입니다. 빛의 직진 성질과 그림자의 원리를 관찰해 봅니다.

54쪽 햇빛이나 불빛 같은 것이 빛입니다. 빛은 구부러지지 않고, 곧게 나아갑니다. 여러 가지 빛을 살펴보며 공통점을 찾습니다.

55쪽 물체가 빛을 막으면 직진하던 빛은 물체를 통과하지 못하고 되돌아나옵니다. 이때 물체 뒤쪽의 어두워진 것이 그림자입니다. 손놀이 꾸러미에 있는 카드를 이용하여 그림자 놀이를 해 봅니다. ❶ 휴대 전화에 플래시 앱을 내려받습니다. ❷ 토끼와 여우 카드를 비쳐 그림자를 비교해 봅니다. 빛이 가까우면 그림자가 커지고, 멀면 그림자가 작아집니다.

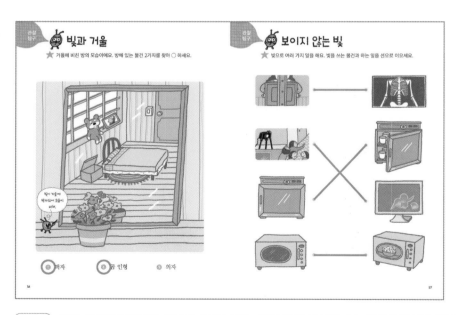

56쪽 빛이 물체에 부딪히면 일부가 튕겨 나오는 것이 빛의 반사입니다. 이렇게 반사된 빛이 우리 눈에 들어오게 되어 물체가 보입니다. 거울에 방 안의 모습이 비쳐 보이는 것도 빛이 반사되기 때문입니다.

57쪽 우리 눈에 보이는 빛을 '가시광선'이라고 합니다. 눈에 보이지 않지만 엑스선이나 자외선, 적외선, 마이크로파도 빛입니다. 엑스선은 물질을 잘 통과해서 가슴이나 뼈 사진 등을 찍는 데 이용합니다. 열 화상 카메라는 물체에서 나오는 열(적외선)을 영상으로 보여 줍니다. 공항 검역소에서 열이 있는 사람을 구분하는 데 이용합니다. 자외선 소독기는 자외선이 세균의 번식을 억제해 컵, 그릇 등을 살균, 소독합니다. 전자레인지는 음식물에 들어 있는 물 분자가 마이크로파에 의해 진동하면서 음식물을 데웁니다.

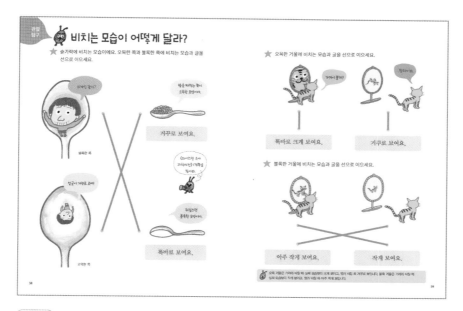

58쪽 숟가락으로 직접 해 보며 관찰합니다. 숟가락은 오목한 면과 볼록한 면을 가지고 있는 곡면 거울입니다. 거울이 오목하거나 볼록하면 평평한 거울에서와는 다르게 비쳐 보입니다.

59쪽 오목한 거울에 가까이 비친 고양이는 실제보다 크게 보이고, 멀리 비친 고양이는 거꾸로 회전한 모양으로 실제보다 작게 보입니다. 볼록한 거울에 비친 고양이는 실제보다 작게 보입니다. 멀리 비치면 좀 더 작게 보입니다.

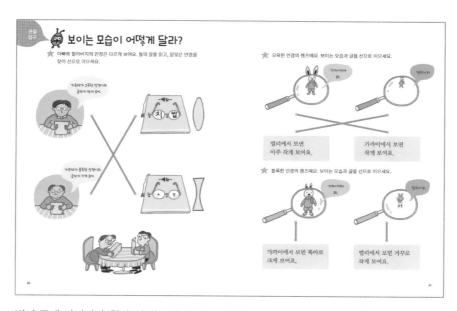

빛이 곧게 나아가다 휘어 꺾이는 것이 빛의 굴절입니다. 빛이 굴절되는 성질을 이용하여 만들어진 것이 렌즈입니다. 렌즈의 모양에 따라 다르게 보이는 모습의 차이점을 비교해 봅니다.

60쪽 안경은 빛이 통과하는 유리나 플라스틱으로 만들어진 렌즈입니다. 아빠 안경은 가운데 쪽이 얇은 오목 렌즈이고, 할아버지 원시 안경은 볼록한 렌즈입니다. 아빠 안경은 한 뼘 정도로 가까이 있는 물체를 보면 작고 똑바로 보입니다. 원시 안경은 한 뼘 길이 정도로 가까이 있는 물체를 보면 크고 똑바로 보입니다.

61쪽 오목한 렌즈로 토끼를 가까이 보면 실제보다 작게 보입니다. 멀리 보면 좀 더 작게 보입니다. 볼록한 렌즈로 토끼를 가까이 보면 실제보다 크게 보이고, 멀리 보면 거꾸로 회전한 모양으로 실제보다 작게 보입니다.

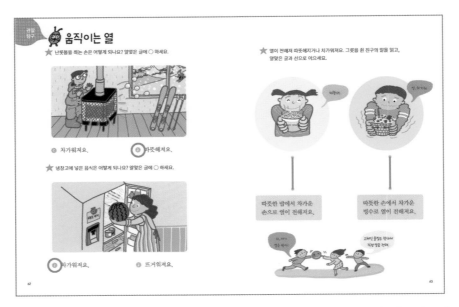

따뜻하거나 차가운 정도를 '온도'라고 합니다. 열은 높은 온도의 물체에서 낮은 온도의 물체로 움직이는 에너지입니다. 물질에 따라 열이 움직이는 방법이 다릅니다. 전도, 대류, 복사 과정을 비교해 봅니다.

62쪽 따뜻해지거나 차가워지는 상황을 살펴봅니다. 난롯불의 열이 손에 전해지면 손은 따뜻해집니다. 수박의 열이 냉장고로 움직이면 수박은 차가워집니다.

63쪽 따뜻한 밥과 차가운 빙수를 만졌을 때 다르게 느낍니다. 둘을 비교하여 열은 따뜻한 곳에서 차가운 곳으로 움직이는 것을 알아봅니다. 고체인 물질이 직접 열을 전하는 과정을 '열의 전도'라고 합니다.

64쪽 액체인 물이 움직여 열을 전달하는 대류 과정에 대해 살펴봅니다. ❶ 물을 데우면 불에 가까운 아래쪽의 물이 뜨거워져 위로 올라갑니다. ❷ 위쪽의 차가운 물이 아래쪽으로 내려옵니다. 이 두 과정이 반복되면서 물이 끓습니다.

65쪽 장작불이나 태양열처럼 중간에 전해 주는 물질 없이 바로 열이 전달되는 과정이 복사입니다. 열을 공처럼 휙 던져 전하는 것과 같습니다. 따뜻한 코코아를 만져 손이 따뜻해지는 것은 열의 전도입니다.

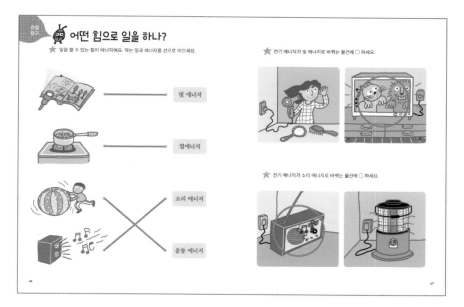

에너지의 형태에는 전기 에너지, 운동 에너지, 빛 에너지, 열에너지, 소리 에너지 등이 있습니다.

66쪽 불빛이 가진 빛 에너지는 볼 수 있게 합니다. 온도가 다른 두 물체 사이에서 이동하는 열에너지는 음식물을 익게 합니다. 사람의 팔을 움직이는 운동 에너지는 공을 구르게 합니다. 공도 구르면 운동 에너지를 갖게 됩니다. 라디오는 물체의 진동에 의해 발생하는 소리 에너지를 이용합니다.

67쪽 에너지의 형태가 바뀌는 것을 '에너지의 전환'이라고 합니다. 전류에 의해 발생하는 에너지를 전기 에너지라고 합니다. 전기 난로, 헤어드라이어는 열에너지, 형광등, 텔레비전은 빛 에너지, 라디오, 텔레비전은 소리 에너지로 전환되어 일을 합니다.

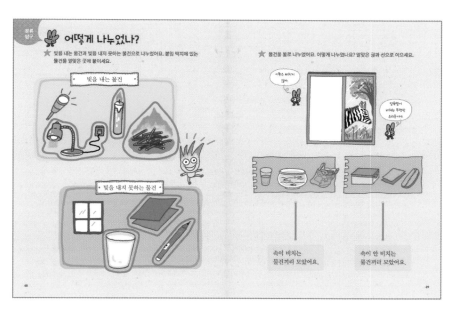

빛을 기준으로 물체의 공통점을 찾아 분류 활동을 해 봅니다.

68쪽 스스로 빛을 내는 물체를 '광원'이라고 합니다. 손전등, 초, 램프, 장작은 빛을 내도록 만들었습니다. 주변에 있는 태양, 별, TV 모니터, 컴퓨터 모니터, 휴대 전화 액정 등도 광원입니다.

69쪽 투명한 물체는 빛을 대부분 통과시켜 속까지 환히 비칩니다. 불투명한 물체는 빛을 통과시키지 못하고 흡수합니다. 불투명한 파란 필통은 빛에서 다른 색깔을 흡수하고 파란색만 반사시킵니다.

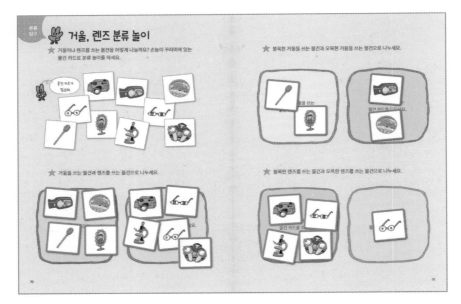

빛을 이용하는 물건 카드로 분류 놀이를 합니다. 카메라, 사이드 미러, 도로 반사경, 안경, 치과용 거울, 화장용 거울, 반사경, 돋보기, 쌍안경을 기준에 따라 나누어 봅니다.

70쪽 빛의 반사를 이용하여 물체를 비추는 것이 거울입니다. 빛의 굴절을 이용하여 물체를 보는 것이 렌즈입니다.

71쪽 거울을 이용하는 물체를 볼록 거울과 오목 거울로 나누어 봅니다. 오목 거울은 빛을 모아 주어 물체를 더 밝게 볼 수 있습니다. 볼록 거울은 빛을 퍼지게 하여 물체의 크기보다 항상 작은 상이 맺힙니다. 오목 렌즈는 가까이 있는 물체는 작아 보이고, 멀리 있는 물체는 또렷이 보이게 합니다. 볼록 렌즈는 가까이 있는 것을 크게 보여 줍니다.

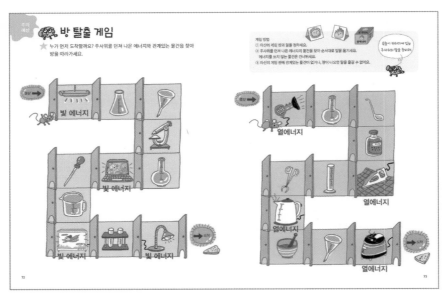

주사위를 던져 나온 에너지의 형태를 읽고, 해당되는 물건을 찾습니다.

72쪽 전등, 컴퓨터, 텔레비전, 책상 등은 전기 에너지를 빛 에너지로 쓰는 물건입니다. 전기 에너지를 쓰지 않는 물건은 건너뛰면서 게임을 진행합니다.

73쪽 헤어드라이어, 전기다리미, 전기 주전자, 전기밥솥은 전기 에너지를 열에너지로 쓰는 물건입니다.

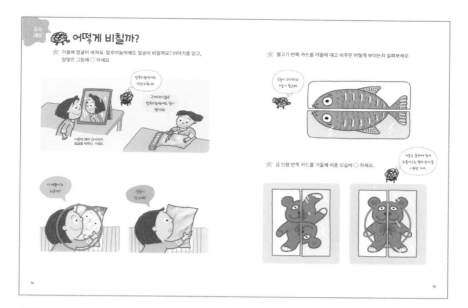

74쪽 구겨지지 않은 알루미늄박의 반짝이는 면을 얼굴 가까이 대고 비추어 봅니다. 가정에서 직접 하기 전에 결과를 짐작해 보게 합니다. 직진하던 빛이 거울이나 알루미늄박 등에 닿으면 다시 되돌아 나와 모습을 비춥니다. 알루미늄박을 구겨서 비추면 울퉁불퉁한 면에 빛이 부딪쳐서 사방으로 난반사되어 얼굴이 제대로 보이지 않습니다.

75쪽 볼록 거울과 오목 거울 이외에 평면거울이 있습니다. 표면이 편평하고 매끈합니다. 물체의 크기를 그대로 나타내지만 왼쪽과 오른쪽이 거울 중심에서 대칭을 이루며 서로 반대로 보입니다. 가정에서 거울을 이용해 직접 해 봅니다.

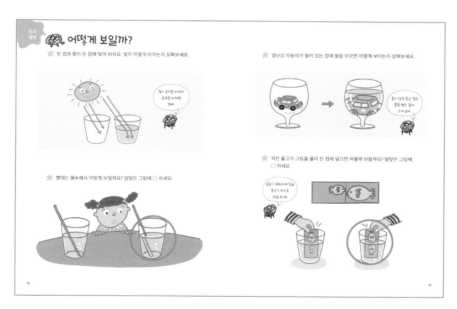

주어진 사실을 미루어 새로운 사실을 판단해 보는 것이 추리하기 탐구입니다.

76쪽 공기에서 물로 들어가는 빛이 물속을 지날 때 꺾입니다. 빨대를 물속에 넣으면 빛이 꺾이면서 물속 빨대가 꺾여 보입니다.

77쪽 물은 볼록 렌즈와 같습니다. 물이 담긴 그릇에 장난감을 넣으면 실제보다 크게 보입니다. 손놀이 꾸러미의 카드에 그려진 작은 물고기가 물속에서 더 크게 보일 것이라고 유추해 봅니다. 실제로 물고기 카드를 물에 담가 확인해 봅니다.

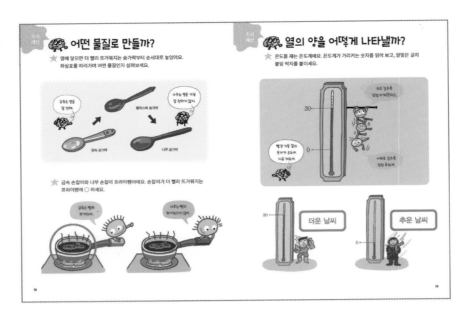

78쪽 물체마다 열을 전달하는 속도가 다릅니다. 금속은 매우 빠르게 열을 전달하고, 플라스틱, 나무는 느리게 전달합니다. 뜨겁게 가열한 프라이팬의 손잡이는 금속보다 나무 손잡이가 천천히 뜨거워집니다. 사실을 근거로 유추해 봅니다.

79쪽 온도는 물체의 차고 뜨거운 정도를 숫자로 나타낸 것입니다. 높은 온도는 열이 많아 우리에게 전해지면서 덥습니다. 낮은 온도는 우리 몸에서 열이 옮겨 가 춥습니다.

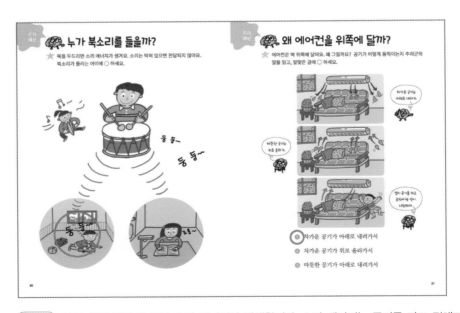

80쪽 북을 치면 진동에 의해 소리 에너지가 발생합니다. 소리 에너지는 공기를 타고 전해지기 때문에 막힌 곳에서는 소리를 들을 수 없습니다. 창문이 열려 막히지 않은 방을 찾습니다.

81쪽 찬 공기는 아래로 내려오고, 더운 공기는 위로 올라가면서 공기가 순환하는 것을 대류라고 합니다. 에어컨을 위쪽에 달아 놓으면 찬 공기와 더운 공기가 이동하면서 방 안이 골고루 시원해집니다.

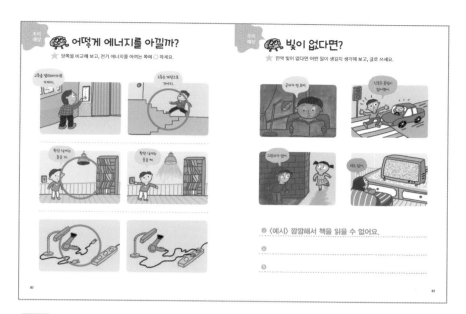

82쪽 에너지 절약에 대해 생각해 봅니다. 계단을 이용하거나 사용하지 않는 전등은 끄고, 쓰지 않는 전자제품의 플러그는 뽑아 둡니다.

83쪽 빛이 있어야 볼 수 있습니다. 빛으로 생기는 것과 빛을 이용하는 것에 대해 생각해 보고, 글로 써 봅니다. 과학적인 사실을 근거로 글쓰기를 합니다.

지구 해답과 도움말

이런 내용을 배웠어요.

관찰 탐구
- 지구의 겉모습과 안쪽 모습 들여다보기
- 돌의 생김새 비교하기
- 돌의 쓰임새 알아보기

분류 탐구
- 돌이 생기는 방법을 기준으로 나누기
- 돌의 쓰임새가 같은 물건끼리 모으기

추리·예상 탐구
- 암석을 이루는 순서 따져 보기
- 지진으로 일어나는 결과 예상하기
- 대피할 때 필요한 물건과 이유를 글로 써 보기

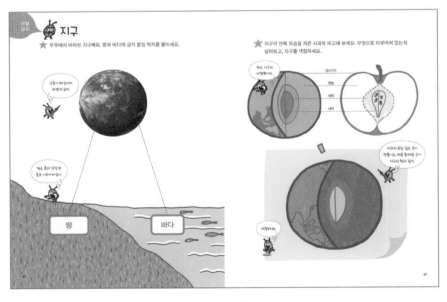

86~87쪽

지구의 겉모습을 살펴보고, 안쪽 모습을 들여다 봅니다.

86쪽 지구는 둥글게 생겼고, 땅과 바다로 이루어져 있습니다.

87쪽 지구와 사과의 생김새를 비교해 봅니다. 둘은 여러 층으로 이루어진 공통점이 있습니다. 지구의 가장 바깥쪽을 '지각'이라고 합니다. 흙과 바위로 이루어진 땅입니다. 사과의 겉껍질과 같습니다. 사과의 씨와 씨를 감싼 부분에 해당하는 곳이 지구의 핵입니다. 지각과 핵 사이를 이루는 것이 맨틀입니다. 사과의 속살과 같습니다.

땅이 생긴 모양을 지형이라고 합니다. 땅 모양을 가까이에서, 넓은 지역 안에서도 살펴봅니다.

88쪽 땅은 우뚝 솟아있기도 하고, 평평하기도 합니다. 흙으로 덮여 있거나 물이 흐르는 곳도 있습니다.

89쪽 물이 땅의 모양을 만든 곳을 살펴봅니다. 산과 산 사이에 움푹 패어 들어간 곳이 골짜기입니다. 물이 흘러 깎인 땅이 V자 모양의 골짜기를 이룹니다. 물은 모래나 흙을 운반하며 낮은 평야로 흐르면서 자연스럽게 땅 모양이 만들어집니다. 강이 바다로 들어가는 어귀에, 강물이 운반하여 온 모래나 흙이 쌓여 '삼각주'라는 지형이 이루어집니다.

90쪽 여러 모양의 돌에 자유롭게 꾸며 봅니다.

91쪽 같은 특징의 돌을 찾습니다. 실제로 돌을 관찰할 때는 색깔, 질감, 단단함 정도 등을 살펴봅니다.

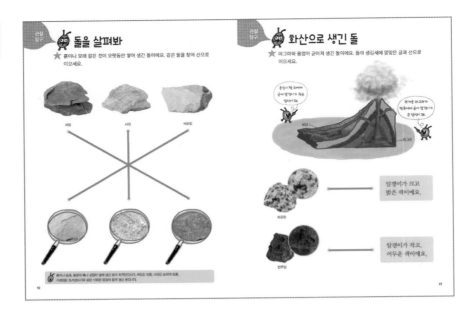

92쪽 흙이나 모래, 동물의 뼈나 껍질이 쌓여 생긴 돌을 '퇴적암'이라고 합니다. 관찰할 때는 색깔, 촉감, 알갱이의 크기, 줄무늬 같은 특징을 찾습니다. 셰일은 검은 갈색을 띠고, 얇은 층으로 되어 있습니다. 사암은 모래와 진흙이 쌓여 굳어진 돌입니다. 약간 거칠거칠한 느낌이 나고, 줄무늬가 거의 없습니다. 석회암은 암회색을 띠고, 조개껍데기와 같은 석회질 물질이 쌓여 생긴 돌입니다.

93쪽 화산으로 생긴 돌을 살펴봅니다. 뜨거운 마그마가 땅속 깊은 곳에서 천천히 식어 굳은 화강암과 땅 위에서 용암이 빠르게 식어 굳은 현무암을 비교해 봅니다. 마그마가 빠르게 냉각되어 생긴 돌은 결정이 없거나 작고, 천천히 냉각되어 생긴 돌은 결정이 큽니다.

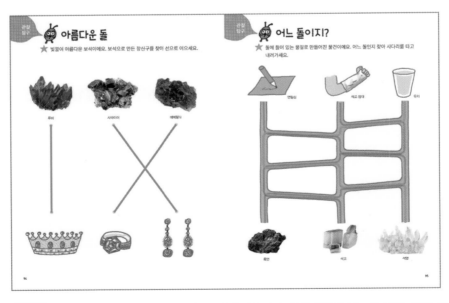

94쪽 반지나 목걸이를 만드는 보석은 돌에서 얻습니다. 돌의 색깔을 비교해 보고, 같은 색깔의 장신구를 찾습니다.

95쪽 돌에 들어 있는 물질을 이용해 물건을 만듭니다. 흑연은 연필심, 석고는 팔이 부러지거나 인대를 다쳤을 때 사용하는 석고 붕대를 만드는 데 사용됩니다. 석영은 유리를 만드는 데 사용됩니다.

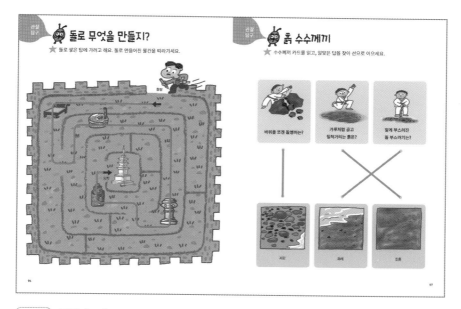

96쪽 돌침대, 맷돌, 돌 받침대, 돌하르방, 석탑은 돌을 깎아 만듭니다.

97쪽 자갈, 진흙, 모래를 비교해 봅니다. 바위가 부서져 자갈, 자갈이 잘게 부서져 모래, 모래가 부서져 진흙이 됩니다.

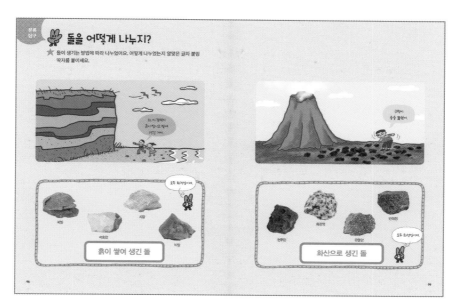

돌을 생긴 과정에 따라 분류합니다. 모아 놓은 무리를 보고 공통점을 찾아봅니다.

98쪽 셰일, 이암, 사암, 석회암은 퇴적암입니다. 이암은 셰일처럼 진흙이 쌓인 돌입니다. 덩어리 모양으로 쪼개집니다.

99쪽 현무암, 화강암, 유문암, 반려암은 화산 활동으로 생긴 돌입니다. 현무암, 유문암은 용암이 지표면으로 흘러나와 굳어진 돌입니다. 화강암, 반려암은 지하 깊은 곳에서 굳어진 돌입니다.

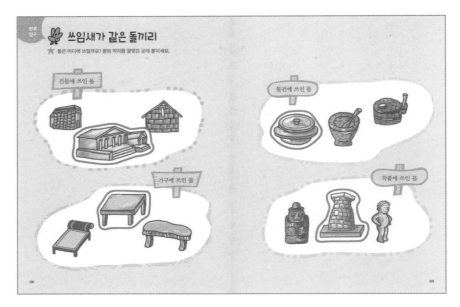

돌을 쓰임새에 따라 나누어 봅니다.

(100쪽) 건물을 짓는 데 쓰인 돌끼리, 가구에 쓰인 돌끼리 모아 봅니다.

(101쪽) 물건을 만드는 데 쓰인 돌끼리, 작품을 만드는 데 쓰인 돌끼리 모아 봅니다.

흙이 암석이 되는 순서를 유추해 봅니다.

(102쪽) ❶ 흐르는 물에 자갈, 모래, 흙이 섞여 있습니다. ❷ 자갈, 모래, 흙이 층층이 쌓입니다. ❸ 세월이 흐르는 동안 쌓인 물질이 단단해져 돌이 됩니다. 땅이 위로 솟아오릅니다.

(103쪽) 만들어진 모형을 보고, 같은 원리로 생긴 암석을 유추해 봅니다. 모래와 자갈이 층층이 쌓인 모형과 같은 원리로 만들어진 돌이 퇴적암입니다.

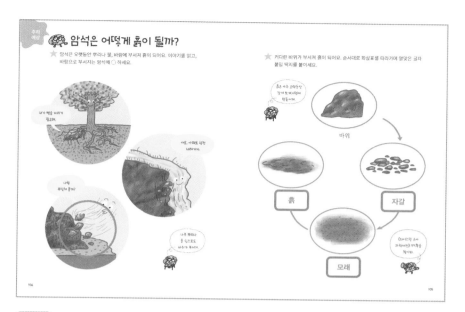

104쪽 암석이 잘게 쪼개져 흙이 됩니다. 무엇에 의해 쪼개지는지 유추해 봅니다.

105쪽 바위가 잘게 쪼개질 때 불리는 이름이 다릅니다. 그림을 보고 이름을 찾습니다.

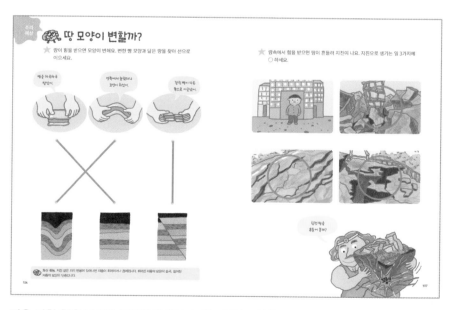

땅은 강한 힘을 받으면 모양이 변합니다. 샌드위치 모양을 보고, 생긴 땅 모양을 유추해 봅니다.

106쪽 양쪽에서 센 힘을 받은 땅이 휘어져 물결 모양을 이루는 지형이 습곡입니다. 땅이 갈라져 어긋나게 된 지형이 단층입니다.

107쪽 지진으로 땅 모양이 변합니다. 건물이 부서지고, 땅이 갈라지고, 도로가 부서집니다.

지진이 나면?

★ 지진이 났을 때 어떻게 해야 하는지 그림을 보고, 글로 쓰세요.

★ 지진이 나면 필요한 물건을 챙겨 대피해요. 어떤 것을 챙겨야 할지 생각해 보고, 그 이유를 글로 쓰세요.

① 〈예시〉 탁자 아래로 내려가 몸을 보호해요.

②

③

① 〈예시〉 먹을 것이 부족할 수 있어요. 라면을 챙겨요.

②

③

108

109

108쪽 지진이 났을 때 대피하는 방법을 알아봅니다 지진이 나면 가방이나 바구니 같은 것으로 머리를 보호하고, 책상 밑에 들어가 책상 다리를 잡습니다. 엘리베이터 대신 계단을 이용하고, 차에서 내려 안전한 곳으로 대피합니다.

109쪽 대피할 때 챙겨야 할 물건에 대해 생각해 봅니다. 왜 챙기는지 이유를 생각해 보고, 글로 써 봅니다.

우주 해답과 도움말

이런 내용을 배웠어요.

관찰 탐구

• 지구를 둘러싼 공기 살펴보기
• 지구 주위를 도는 달 모양의 변화 살펴보기
• 태양과 태양 주위를 도는 행성 비교하기

분류 탐구

• 계절에 따라 보이는 별자리끼리 모으기

추리·예상 탐구

• 일식과 월식의 원리 유추하기
• 우주의 특성을 근거로 우주복에 필요한 장치 그리기

112~113쪽

112쪽 지구를 둘러싼 공기층이 대기권입니다. 대기권은 대류권, 성층권, 중간권, 열권 4개로 구분합니다. 구름, 비, 눈 등의 기상 현상이 일어나는 층이 대류권, 오존층에서 태양 에너지의 자외선을 흡수하는 층이 성층권, 수증기가 거의 없어 기상 현상이 일어나지 않는 중간권, 오로라, 유성 등이 나타나는 열권입니다.

113쪽 생명체가 호흡할 수 있는 산소와 식물의 광합성에 필요한 이산화 탄소를 제공합니다. 대기권은 온실 유리의 역할을 하여 지구의 온도를 따뜻하게 유지시킵니다. 유해 자외선이나 우주선 및 유성체 등을 차단하여 지구의 생명체를 보호해 줍니다. 태양으로부터 날아온 전기를 띤 입자들이 공기의 분자들과 충돌해서 반짝이는 커튼이 펄럭거리는 것처럼 보이는 것이 오로라입니다.

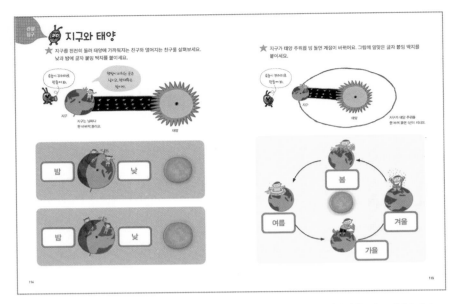

손놀이 꾸러미에 있는 지구와 태양을 연결하여 지구의 자전과 공전 현상을 비교해 봅니다.

(114쪽) 지구를 시계 반대 방향(서쪽에서 동쪽)으로 돌려 봅니다. 지구가 자전축을 중심으로 하루에 한 바퀴씩 도는 것이 지구의 자전입니다. 지구가 돌면서 태양을 향한 쪽은 낮, 태양을 등진 쪽은 밤이 됩니다.

(115쪽) 지구를 시계 반대 방향(서쪽에서 동쪽)으로 태양 주위를 빙 돌려 봅니다. 지구가 태양 주위를 일 년에 한 번씩 도는 것이 지구의 공전입니다. 지구의 자전축이 기울어져 돌기 때문에 햇빛이 비스듬히 비치는가 똑바로 비치는가에 따라 기온이 달라져 계절이 생깁니다.

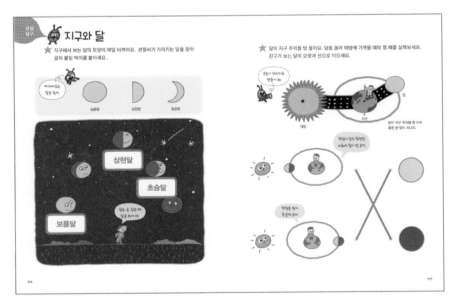

달은 지구 주위를 공전하는 위성입니다. 지구 주위를 약 30일마다 시계 반대 방향(서쪽에서 동쪽)으로 공전합니다.

(116쪽) 가리키는 달과 같은 모양의 달을 찾습니다. 달의 달라지는 모양과 이름을 알아봅니다.

(117쪽) 달은 스스로 빛을 내지 못합니다. 태양 빛을 반사하여 빛을 냅니다. 달이 지구 주위를 공전할 때 태양이 비치는 면에 따라 달의 모양이 다르게 보입니다. 태양과 지구, 달이 놓이는 위치에 따라 달은 둥글 게 보이거나, 반만 보이거나 완전히 가려지게 됩니다.

118~119쪽

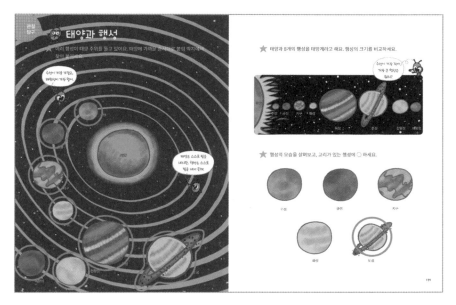

태양과 그 주위를 공전하는 천체와 그들이 차지하는 공간이 태양계입니다.

118쪽) 태양계 중심에 태양이 있고, 그 주위를 8개의 행성이 공전합니다. 스스로 빛을 내면서 밝게 보이는 천체를 별(항성)이라고 부릅니다. 태양으로부터 수성–금성–지구–화성–목성–토성–천왕성–해왕성 순서입니다.

119쪽) 항성의 크기와 형태를 비교해 봅니다. 수성이 가장 작고, 목성이 가장 큽니다. 고리가 있는 행성은 토성, 목성, 천왕성, 해왕성입니다. 토성은 고리가 뚜렷하지만 다른 행성들은 희미합니다.

120~121쪽

120–121쪽) 우주에 대한 새로운 사실을 알아내거나 다른 행성의 자원을 이용할 수 있을지, 다른 생명체가 살고 있을지 알아보는 것이 우주 탐사입니다. 탐사선이나 탐사 로봇을 행성에 보내어 직접 탐사하거나 직접 탐사하기 어려운 먼 우주를 관측할 때는 우주 망원경을 이용합니다.

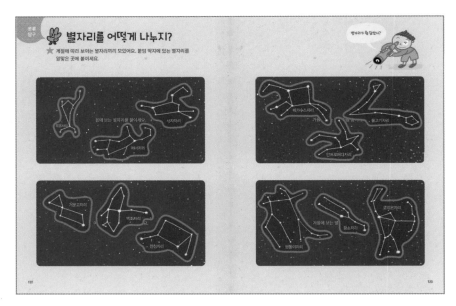

별자리는 하늘의 별들을 몇 개씩 이어서 동물, 물건, 신화 속의 인물 등의 이름을 붙여 놓은 것입니다. 지구가 태양 주위를 공전하면 지구의 위치가 달라져 계절에 따라 보이는 별자리가 달라집니다.

122쪽 봄에 보이는 별자리와 여름에 보이는 별자리로 나누어 봅니다. 봄의 대표 별자리는 처녀자리와 사자자리, 목동자리입니다.

123쪽 가을에 보이는 별자리와 겨울에 보이는 별자리로 나누어 봅니다. 가을의 대표 별자리는 페가수스자리와 안드로메다자리입니다. 페가수스자리는 가을 하늘 한가운데에서 커다란 사각형이 페가수스의 몸통입니다.

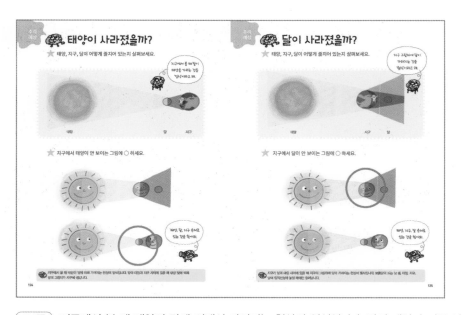

124쪽 지구에서 볼 때 태양이 달에 의해서 가려지는 현상이 일식입니다. 달이 태양과 지구 사이, 태양-달-지구로 있을 때 태양 빛에 의해 달의 그림자가 지구에 생깁니다. 이 그림자 안에서는 태양이 달에 가려 지구에서는 보이지 않습니다.

125쪽 지구가 달과 태양 사이, 태양-지구-달로 있을 때 지구의 그림자에 달이 가려지는 현상이 월식입니다. 보름달이 뜨는 날 중, 태양, 지구, 달이 일직선상에 놓일 때에만 일어납니다.

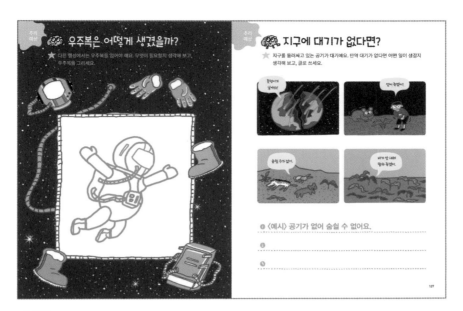

126쪽 우주복은 우주를 유영하는 동안, 산소를 공급하고 태양 광선 및 운석으로부터 보호하기 위해 우주 비행사가 입는 옷입니다. 컴퓨터 모니터, 통신 장치, 체온 조절 장치, 생명 유지 장치 등이 갖춰져 있습니다. 다른 행성에 대해 생각해 보고 무엇이 필요할지 상상해 그립니다.

127쪽 관찰 영역에서 살펴봤던 대기에 대한 개념을 근거로 글쓰기를 합니다.

♠ 메모 ♠

설탕   콩가루   소금

딸기   물   식초

딸기 주스   콩 물   설탕물

                            소금물

곧게 나아가는 빛

만드는 방법

① 토끼, 여우 카드를 뜯어 내세요.

② 55쪽 붙이는 자리에 붙이세요.

③ 빛을 비추며 그림자 놀이를 하세요.

도로 반사경	사이드 미러	카메라
* 볼록 거울	* 볼록 거울	* 볼록 렌즈
현미경	돋보기	쌍안경
* 볼록 렌즈	* 볼록 렌즈	* 볼록 렌즈
안경	치과용 거울	화장용 거울
* 오목 렌즈	* 오목 거울	* 오목 거울

72-73 쪽 # 방 탈출 게임

만드는 방법
① 모양대로 뜯어 접으세요.
② 풀로 붙여 주사위와 말을 만드세요.

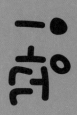

75 쪽

어떻게 비칠까?

만드는 방법
① 반쪽이 카드를 뜯어 내세요.
② 반쪽이 카드를 거울에 대고 비추어 보세요.

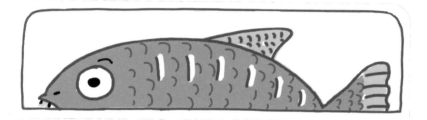

77 쪽

어떻게 보일까?

만드는 방법
① 물고기 카드를 뜯어 내세요.
② 물고기 카드를 컵 안에 담긴 물에 넣어 보세요.

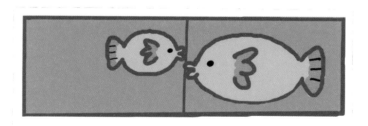

114-117쪽

태양, 지구, 달이 강강술래

만드는 방법

① 태양, 지구, 달을 뜯어 내세요.

② 그림과 같이 할핀으로 고정하세요. 할핀이 없으면
   이쑤시개를 쓰세요.

③ 지구, 달을 직접 돌려 보세요.

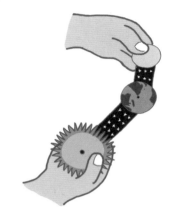

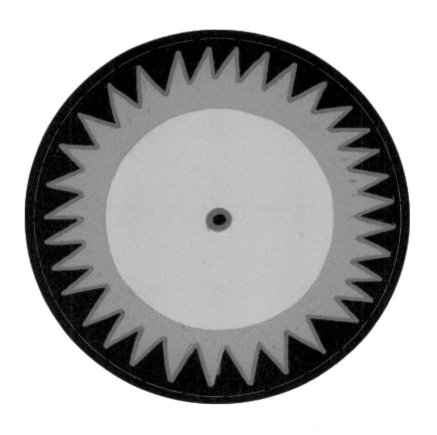

120-121 쪽

우주 탐사 게임

만드는 방법
① 모양대로 뜯어 접으세요
② 풀로 붙여 주사위와 말을 만드세요.

1

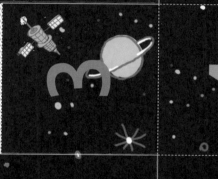

3

4

5

6

2